U0296436

设计与表现能力提升丛书

超越 STUIDO SUPER 设计课

园林景观设计手绘图技法与表达

第2版

丛书主编　王传杰
刘朝晖　李丽　著

本书以现代园林景观设计为主要表现对象，内容包括园林景观手绘表现技法的基础训练，园林景观设计的常用手绘技法，园林景观设计过程中的手绘图分析，园林景观设计手绘作品赏析等。读者通过对本书由浅入深、循序渐进的学习，可掌握一套完整的手绘效果图表现技法。本书适用面广，可作为广大园林专业师生、园林设计从业人员和园林设计爱好者的参考临摹范本和教材使用。

图书在版编目（CIP）数据

园林景观设计手绘图技法与表达 / 刘朝晖，李丽著．—2 版．—北京：机械工业出版社，2017.4

（设计与表现能力提升丛书）

ISBN 978-7-111-56243-6

Ⅰ．①园…　Ⅱ．①刘…②李…　Ⅲ．①园林设计—景观设计—绘画技法　Ⅳ．①TU986.2

中国版本图书馆 CIP 数据核字（2017）第 042768 号

机械工业出版社（北京市百万庄大街 22 号　邮政编码 100037）
策划编辑：赵　荣　责任编辑：赵　荣
责任校对：王　欣　封面设计：张　静
责任印制：李　飞
北京新华印刷有限公司印刷
2017 年 6 月第 2 版第 1 次印刷
184mm × 260mm・11.25 印张・225 千字
标准书号：ISBN 978-7-111-56243-6
定价：59.00 元

凡购本书，如有缺页、倒页、脱页，由本社发行部调换

电话服务	网络服务
服务咨询热线：010-88361066	机 工 官 网：www.cmpbook.com
读者购书热线：010-68326294	机 工 官 博：weibo.com/cmp1952
010-88379203	金 书 网：www.golden-book.com
封面无防伪标均为盗版	教育服务网：www.cmpedu.com

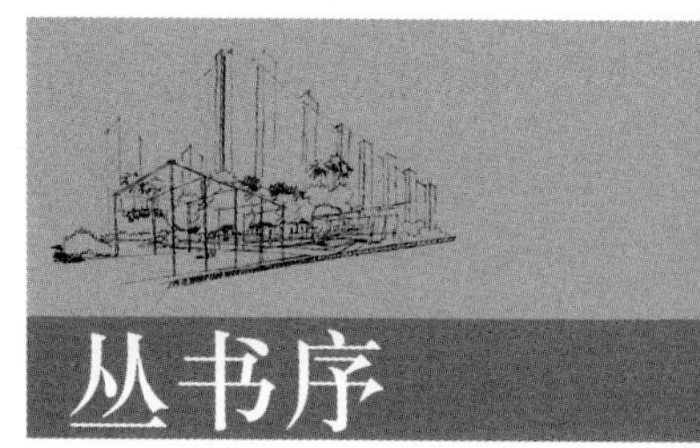

丛书序

经过各位作者不懈的努力和机械工业出版社的支持，“设计与表现能力提升丛书”终于与读者见面了。

新时代需要新的设计，新设计要具有时代精神，这是本套丛书从构思到完成所遵循的一个最基本的原则。丛书的作者都是从事本专业的专家和学者，书中阐述的内容主要是空间设计表现艺术，包括建筑、室内、环境艺术空间的设计与表现方法以及设计师基本能力的训练等。这些是作者长期工作在业界第一线的经验和总结，包括作者在经验和思考基础上产生的新方法和新观念。

我们生活的空间正在发生急剧的变化，如何让人们在快速变革的新环境中生活得更舒适，身体更健康，精神更愉悦，成为设计师越来越关注的事情。从事专业设计工作的设计师，当其习惯于以自己的阅历和记忆去主导设计过程的时候，其设计的作品经常会给人带来形式上的炫耀误区。这种工作的方法反复演化和积累会成为过于自信的工作模式，那时，接近自然的而不带任何功利色彩的、潜在心智深处的东西会或多或少地被设计师自己扼杀。这是一种非智慧的心态，在这种非智慧状态下各种努力往往都是被动的，而且在设计过程中这些问题会反复地出现，这样就必定会产生“设计过剩”和“视觉疲劳”等诸多问题，久而久之，所谓现代设计就成为一个空洞的模式，设计者的设计过程只能逐步落入可怕的僵化行为！面对这样一个前所未有的新时代和新问题，设计师们改变自己的观念比单纯的延续传统显得更加重要，因为一个智慧的设计师能够在传承传统的基础上，运用自己的才智不断去创造新的世界，才能够保证设计与时俱进，才能够提高自己在设计和表现等方面的能力，这样设计出来的作品才能够使人们感觉到设计师所付出的价值——个性的魅力和赏心悦目的和谐。《从创作速写到方案设计》的作者把自己在工作中感悟到的新观念、新方法介绍给读者，并深入浅出地论述了解决设计中常见问题的方法。理念固然重要，但提高设计师的综合表现能力更是不可忽视的，因为好的设计理念必须依赖超然的设计能力去实现。

人的习性与居住环境的改变应该是互动的，这个观念应当贯穿于设计师工作的始终。首先，艺术的表现形式应该符合人的生理机能，因为人的生理机能具备了美的本质内涵，这是空间艺术和设计表现唯一尊重的一个基本原则，无论其以什么样的表现形式展现在世人面前。《室内设计传达与表现》、《园林景观设计手绘图技法与表达》的作者，结合经典的案例论述了在设计表现中如何去体现以人为本的精神。因为空间表现艺术与人的身心有很多密切的关联（这种关联除了视觉以外还包括触觉、听觉和嗅觉等），所以在设计中设计师要充分考虑人体机能和自然属性的关系，同时，在设计中还必须考虑到人的心理机能所涉及到的一些不可忽视的因素，即在设计表现中注意到线条、形态、光线和色彩对人的心理所产生的影响，使设计真正达到人与自然的和谐。设计工作，其实是一个设计师整体素质的综合表现过程，所以作为一个能为时代所关注的设计师，不仅要具备全面的专业知识和高超的技艺，还要不断地学习现代科学的新知识，掌握新材料，及时“更新”设计师的设计理念，使自己的设计工作适应高速发展的现代社会，只有这样的设计作品才能适应现代社会中不同群体需求，设计师的工作才能够永远保持一个新的境界。

良好的造型基础是任何一位设计师所必须掌握的。比如速写，丛书的作者大多都以较大的篇幅对速写作了详细的论述。速写看似简单，其实不然，设计师的思想观念，对形态的解读和对外在世界的认识等都包含在线条里，而且新的方式方法甚至是设计的灵感都有可能诞生于速写的过程。实际上不少的设计大师都非常重视速写。世界十大建筑之一笛洋美术馆的设计师——大名鼎鼎的赫尔佐格和德梅隆（也是鸟巢的设计者）的建筑速写、汽车设计大师基乌杰阿罗的设计速写等，洗练而精确，凝聚了大师的智慧和才能，这些速写不仅直接用于设计工作，也是精美的艺术品。因此设计师应该很好地掌握速写的技能，体会每一根线条所包含的深刻寓意，把速写作为自己不断认识世界、发现世界的工具，如此，作为设计师的你才能够永远站在设计的最前线！

尽管每位作者在设计理念及方式方法上有所不同，但是他们都能以新理念，新思维、新方式、新技法作为书籍写作的宗旨，以各自独特不同的写作风格去提高书籍的品味，以通俗易懂的语言和精美的图片去增加书籍的可阅读性，使这套丛书既保证了学术品位，又具有实用价值，与其他的同类书籍也有所区别，是一套学习和研究设计表现、快速提高综合能力、深切理解新时代设计理念比较理想的读物。比如《园林风景钢笔画技法》一书，虽然是“老生常谈”地论述钢笔画的技法，但是每一幅画都如清风扑面，满卷新意，细腻而不失高雅的格调，读者都会为之眼前一亮的。因为作者的观念是新颖的，笔法凝聚了作者的新意，作品自然也就超凡脱俗了。

真心地希望这套丛书的出版能够为学习和研究这方面专业的学生、教师和设计师提供某种程度上的参考作用和观念上的启迪。

王传杰

前言

伴随我国城市化建设的飞速发展，人们对生存环境质量的要求越来越高。随之而来的环境污染、自然资源遭遇严重破坏等问题也逐渐被关注，人们在探讨与自然的和谐性的同时，更加渴望亲近自然。近年来，我国园林景观行业快速发展，国内高校相继设立园林景观设计学科。基于对本领域就业前景的看好，相关专业招生规模不断扩大，其他设计专业的毕业生纷纷改行，投入到园林景观设计队伍中。由于许多专业学生和从业人员缺乏扎实的美术基础，尤其是计算机绘图软件技术水平的提高，园林景观设计师与其他专业设计师一样，越来越多地依赖计算机制图来表达自己的创意思想和设计意图，而忽视了传统的手绘表达。园林景观设计与建筑室内设计相比，需要表现绿色植物、山石、水景等自然景观元素的机会更多，而这些物体较规则的几何造型更易于用手绘的技法表现。手绘效果图在实际设计过程中是行之有效的独特“语言”交流工具，优秀的手绘效果图既可以传达设计理念、明确表达不同阶段的设计意图，还可以体现园林景观的场景意境，诠释独特的设计文化内涵，它是设计者与委托方及同行间交流、沟通的桥梁。手绘效果图的种类繁多，目前较常用的有钢笔、彩色铅笔、马克笔、水彩、透明水色等技法形式。还可将两种以上表现技法配合运用，派生出很多独具特色的手绘表现类型。手绘表现图与计算机效果图相比，具有较强的艺术表现力，绘图工具便于携带，能随时随地灵活、快捷地记录和表达设计思路，提高了工作效率。掌握手绘效果图的表达技能，需要科学合理的训练方法和循序渐进的学习过程，应从临摹图片到逐渐能够灵活自如地进行设计表达，不断提高手绘技法和景观设计的表现力。在学习技法的同时，还要注重手绘表现与设计思维的互动，充分认识手绘的过程不是设计的终结，而是不断思考和完善设计的过程，进而全方位地理解手绘表现的内涵和重要性。

本书力求学术性和实用性兼顾，以现代园林景观设计作为主要表现对象。首先从园林景观手绘表现技法的基础训练入手，针对复杂的透视、构图等基本原理，注重从实际应用出发进行合理有效的简化，使读者能够方便快捷地搭建手绘图的基本框架。其次通过不同技法的分类讲解、步骤图与优秀作品的分析，使读者对钢笔、彩色铅笔、马克笔、水彩等表现技法有更清晰的认识，拓宽手绘表现的技法领域，进一步根据不同的设计需要采用与之配合的表现方式。本书通过图解园林景观配景元素的表现技法，帮助读者深入了解优秀景观设计手绘图的表现方法；通过对实际园林景观设计过程的分析，系统性讲解手绘图在具体设计中的应用，让读者认识不同设计阶段手绘表现内容与形式的差异性，使手绘表现更具现实意义和可操作性。本书本着适用面广的原则，为广大园林景观设计专业学生、从业人员和园林设计爱好者提供了参考临摹范本，并可作为教材使用，使读者通过对本书的学习，掌握有效的手绘效果图表现技法，更好地为设计服务。希望本书能为广大读者提供一些启迪和帮助。

编　者

目录

第一章

园林景观设计手绘技法概述

我国现阶段的城市化建设迅猛发展，市场竞争日趋激烈，各类工程的设计周期往往时间较短，因此要求设计师们必须具备熟练的设计表现技巧来辅助设计工作，以便提高设计的质量和效率。尽管利用各种软件的计算机表现形式日新月异，但手绘的方法与计算机表现手段相比，始终占有快捷、灵活的优势，方便设计师有效传达自己的设计意图。

好的设计手绘图不但可以快速有效地传达、沟通设计构思，解决工程中的实际问题，还有助于设计思维的扩展。绘图者可以通过不同种类的技法和绘画风格，表现出特定景观场所的内容和意境，更好地诠释设计意图。反之，没有好的手绘基础，就等于缺乏与客户、同行等其他人交流、沟通的工具，会给整体设计工作带来很大障碍。同时，手绘还有助于收集和积累素材，是设计过程中必不可少的工具和解决问题的手段。手绘的较高境界应当是心手合一，用手绘图来传达设计意图的同时，手绘过程中的设计思路也在不断延展。

有的手绘技法方面的专业书作者认为，手绘表现同其他艺术活动一样具有较强的艺术表现成分，一味强调追求画面艺术效果，如主张对画面中的客观存在物加以提炼和取舍。这样做虽然从画面的审美角度来说无可厚非，但对景观中的关键设计内容进行夸张或删减处理，其直接后果往往是图面效果误导委托方，干扰相关人员针对设计问题的判断，导致最初效果图与竣工后实际场景中内容及效果差异过大，造成不必要的麻烦。另一种观点则认为，手绘效果图就是工程图纸的一个种类，只要解决了设计中的具体问题就可以，没必要强调画面的艺术性。以上两种观点都有失偏颇，它们只强调了设计手绘图的片面功能。好的手绘图不但应有艺术性，更要说明设计中应当解决的实际问题，如功能布局、空间组织、材料搭配等，否则设计表现图就会失去自身存在的价值，或者被认为是不符合标准的图纸。如果绘画技巧过于拙劣，就不能通过画面准确、形象地展现设计内容，更不能表达独特的景观意境和气氛，在与人交流、沟通时也会出现障碍，从而阻碍设计意图的传达。

如何让手绘形式更好地为设计服务，既忠实于具体的设计内容，又能准确传达设计意图，是手绘表现时不能忽略的重要前提。初学者不妨先尝试多种不同类型的手绘表现形式，然后找出适合自己的行之有效的手绘方法，进而不断提高表现技巧。

园林景观手绘图的表现形式多种多样，同样的绘图工具也能表现出细腻的、简略概括的、装饰性等不同风格。设计者可根据设计理念和设计内容的具体要求选择不同的手绘表现方式。若要学好园林景观设计手绘技法，掌握科学有效的学习方法是基本前提。初学者可以参照不同手绘风格的优秀作品有计划、有步骤地进行临摹，然后选择一至两种易说明问题、表现过程简便快捷且便于掌握的手绘形式，反复深入练习，形成自己的表现风格。临摹学习时，应明确自己的学习目的和方向，不要一味地追求与原作相似，应从不同角度、不同层面观察画面的处理方法。不但要注意画面构图的安排、不同形体的刻画、空间层次的营造、色彩关系的处理以及用笔方法等表现技巧，还应分析哪些部位可以简单处理，而哪些部位必须详细刻画，同时思考为什么会如此运用以及其在整体画面中所起的作用。

临摹过程中，具体的训练方法因人而异。可以先从花草、树木、人、车等单体着手临摹，逐步扩充到较完整的画面。临摹完整的手绘图例时，建议初学者先用铅笔在绘图纸上把优秀的手绘图的大结构拷贝下来，再用墨线笔准确画出图片上的形体及黑白关系。着色时，也要尽量忠实于原图，任何细节都不要遗漏。临摹一段时间后，基本掌握了一定的绘图方法，就可以将自己或他人的设计用手绘形式表现出来，然后比较自己的手绘图和优秀作品的差距，找到不足之处，进一步有的放矢地临摹学习。经过几轮反复之后，手绘技巧应该会有明显的长进。对于有一定绘画基础的专业人员，也可以采用另一种学习方法：首先选择一个恰当角度画出设计方案的透视图铅笔稿，然后找一张表现内容、技法相似的优秀手绘范例，模仿它的处理方法。经过多次反复，也可基本学习到优秀设计手绘图的表现方法。

当手绘技法熟练到一定程度时，绘图者的设计能力和艺术修养会成为决定画面质量的关键，任何一方面的不足都会导致设计手绘表现得不完美。因此，只有依靠全方位的学习和积累，才是提高设计手绘表现能力的关键所在。

透 视 基 础

透视是园林景观设计手绘表现的基础，也是画面质量的重要保障。画面中添加的任何景物都要以标准的透视框架为基础。不合理的透视效果会让观者对所设计的空间环境产生失真的印象，阻碍委托方对设计内容和设计思路的理解，还会导致委托方对设计者的能力产生质疑，进而造成无法挽回的后果。

学习透视知识必须了解透视的规律和原则，首先要学习基本原理和计算方法，然后进行实际透视练习。在练习过程中，练习者会发现不同问题，但通过反复调整和训练，即可逐步掌握透视规律。市面上讲授规范的透视方法的教材有很多，但有些方法在实际设计表达时由于过于复杂而令人费时费力，因此在实际工作中很少被使用。科学、严谨的透视法固然重要，但在实际绘图时不能仅靠标准的计算，透视的根本作用是让画面内容看起来符合正常的视觉效果，而一些简便快捷的透视方法同样可以满足这一需求，并且能够在较短的时间内完成画面基本框架的搭建。在针对实际设计方案绘图时，设计者需要依靠丰富的透视经验和技巧，甚至可以不依赖计算就能完成不同视角的透视框架。因此，透视的实际意义在于灵活运用基本原理和方法。为了便于学习和理解透视图的画法，本书将介绍几种经过归纳与简化的透视方法。

第一节　透视的表现特征和基本方法

一、一点透视

（一）一点透视的表现特征

一点透视也叫平行透视，是一种较常用且制图原理和画法都相对简单的透视，因此，其表现方法较易掌握，在实际绘图时方便快捷。

一点透视适合表现多种景观场景。标准的一点透视视角在日常状态下比较少见，如果用来表现以建筑物为主要内容的效果图会显得呆板、不自然。但园林景观与建筑和室内环境相比，植物、山石、水景等配景元素在手绘图中所占比例较大，而这些形态自由的配景元素对比较呆板的一点透视起到了调节作用，见图2-1。在实际设计手绘表现时，可根据景观内容的具体情况选择是否采用一点透视的方法。

图2-1　一点透视图

（二）一点透视的基本方法

一点透视可采用由内向外和由外向内两种画法，园林景观手绘图中所表现的景深距离通常较远，大多选择由外向内的透视画法。无论采用哪种画法，都需要绘图者首先搭建透视框架。

1. 由外而内的一点透视画法

步骤一

先将画面中进深较近的一个界面确定为“基准面”，根据取景范围按比例画出矩形“基准面”ABCD。该面离视线较近，因此要根据画幅大小确定适度的比例，以免画面中景和远景经过透视后体积显得过小而无法表达清晰，导致构图拘谨的情况出现。

步骤二

确定视点（作图者眼睛的位置）、视平线（经过视点的水平线）、灭点（画面中进深方向的平行线经过透视延长汇集到视平线上的交点）。视平线通常定为人的平均身高即1.6m左右，如画面选用仰视或俯视的角度时相应调整视平线高度，仰视时视平线高度略低，俯视则相反；灭点可根据画面取景情况左右调位，但不要离“基准面”中心过偏，否则画面近景会产生失真的效果。在高度为1.6m的位置画出视平线L，确定灭点O的位置，然后分别连接O点和矩形“基准面”的四个顶点，见图2-2。

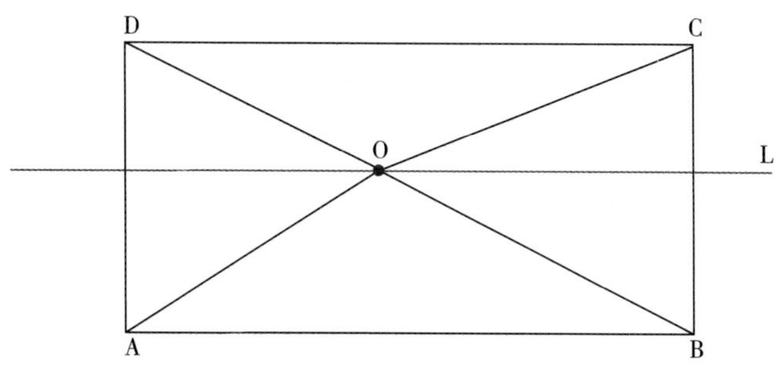

图2-2 由外而内一点透视步骤一、步骤二图示

步骤三

我们假定景观进深为12m，以A点为起始点，在AB线上以2m为单位（尺寸单位根据具体情况决定）按比例标出景深尺寸点。如果画面要表现的实际进深尺度超出“基准面”宽度，需将AB线向水平方向延长，然后在AB延长线上按比例标注剩余进深尺寸。在距离“基准面”较近的视平线L上选取M点做辅助点，见图2-3。

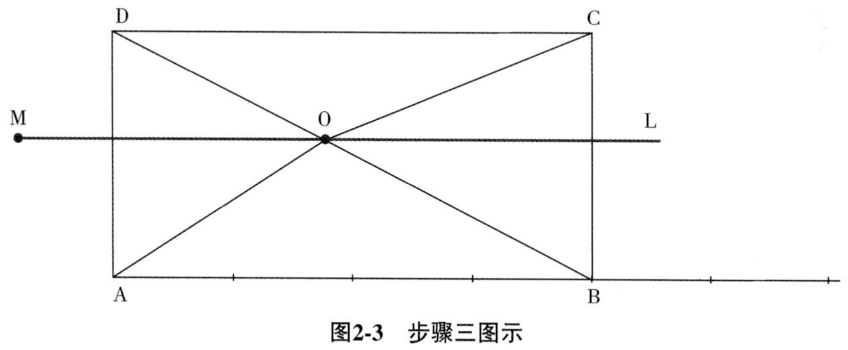

图2-3 步骤三图示

步骤四

分别连接M和进深尺寸标注点，与OA线相交形成1、2、3、4、5、6点。需要注意的是，如果调整M点的左右位置，OA线上的进深点位置将随之发生变化，进而导致同样尺度的景观场所产生不一样的景深效果。如果M点离“基准面”过近，会将景深拉大，易造成失真的画面效果；而M点离“基准面”过远，会将景深压缩，导致画面效果拘谨，空间感无法很好的体现。见图2-4。

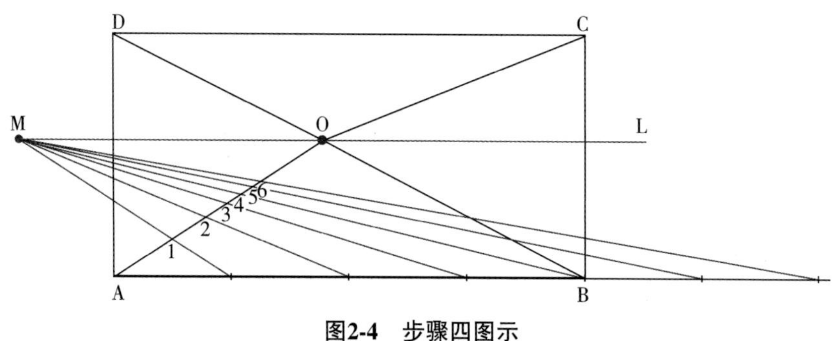

图2-4 步骤四图示

步骤五

从1至6点分别引水平线与OB线相交，得出底面的水平进深基准线。在实际绘图时，地面进深方向的任何尺度都将以邻近的进深基准线为参照，画出相对标准的比例尺度，见图2-5。

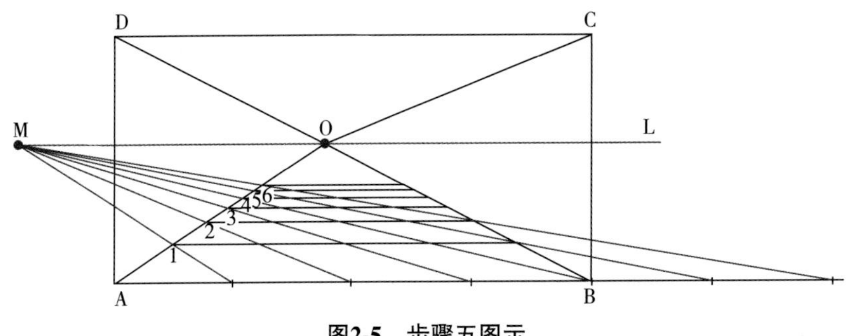

图2-5　步骤五图示

步骤六

从1至6点分别引垂直线与OD线相交，由相交点引水平线与OC线相交，从交点再向OB线引垂直线，完成两侧面与顶面的透视进深基准线，见图2-6。

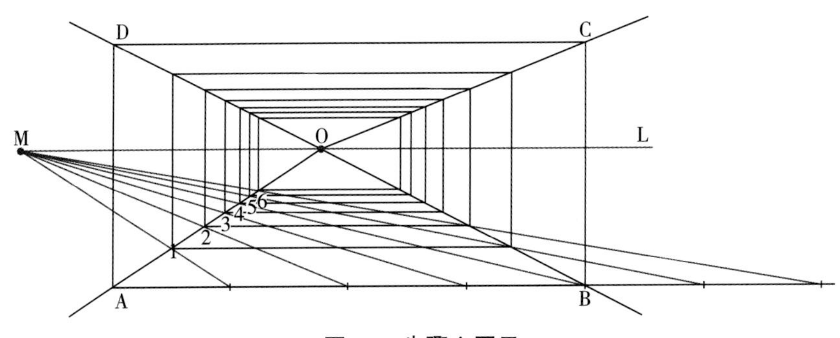

图2-6　步骤六图示

步骤七

再分别连接灭点O和“基准面”上的代表宽度与高度的尺寸点，擦掉不必要的辅助线和辅助点，完成画面的基本透视框架，见图2-7。

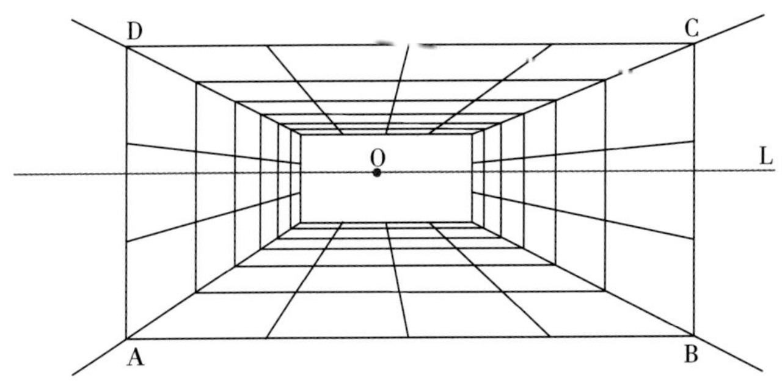

图2-7　步骤七图示

步骤八

在地面透视网格中找到景物形体的关键坐标点，连接各坐标点，会得到二维的平面形状。高度需通过连接“基准面”上的对应高度点和灭点O，再与各坐标点的垂直线相交，交点位置即是位于该坐标位置的景物形体高度，以此方法可求得完整的景物形体透视。

2. 由内而外的一点透视画法

前面介绍了由外而内的一点透视画法步骤，由内而外的透视步骤与其类同，只是将画面中进深较远的一个界面作为透视“基准面”。

步骤一

先将画面中进深较远的一个界面确定为“基准面”，根据画幅大小和取景范围按比例画出矩形“基准面”。该面离视线较远，因此所占画幅相对面积较小，以免近处景物经过透视后体积显得过大而冲出画面，造成整体构图的不完整。

确定视平线L和灭点O的位置，具体要求参照一点透视由外而内的画法。然后分别连接O点和矩形“基准面”的四个顶点并延长至画幅边框附近，见图2-8。

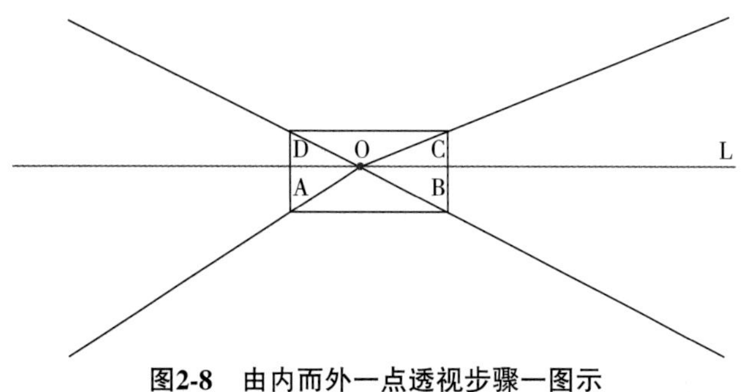

图2-8 由内而外一点透视步骤一图示

步骤二

我们假定景观进深为12m，以A点为起始点，在BA延长线上以2m为单位（尺寸单位根据具体情况决定）按比例标出景深尺寸点。然后在距离“基准面”最远的尺寸点以外的视平线上标出M点作为辅助点，见图2-9。

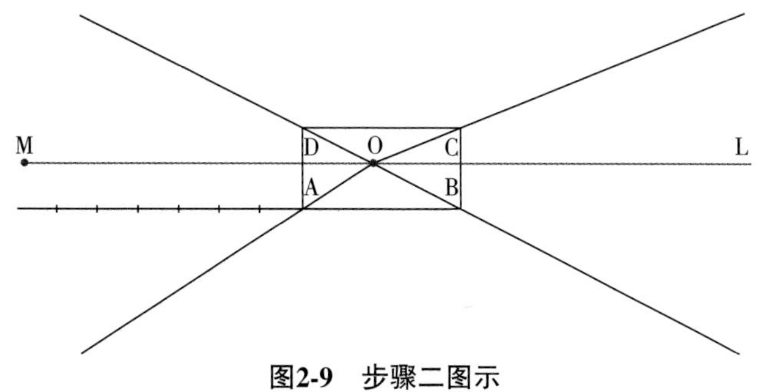

图2-9 步骤二图示

步骤三

分别连接M和进深尺寸标注点，与OA延长线相交形成1、2、3、4、5、6点。如调整M点的左右位置，OA线上的进深点位置将随之发生变化，见图2-10。

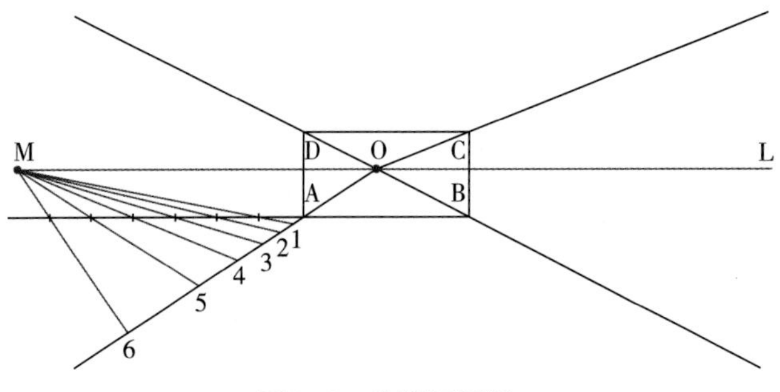

图2-10 步骤三图示

步骤四

从1至6点分别引水平线与OB延长线相交，得出底面的水平进深基准线。在实际绘图时，地面进深方向的任何尺度都将以邻近的进深基准线为参照，画出相对标准的比例尺度，见图2-11。

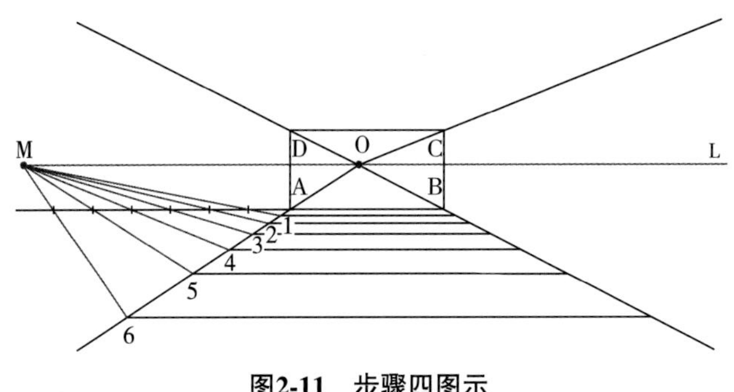

图2-11 步骤四图示

步骤五

从1至6点分别引垂直线与OD延长线相交，由相交点引水平线与OC延长线相交，从交点再向OB延长线引垂直线，完成两侧面与顶面的透视进深基准线，见图2-12。

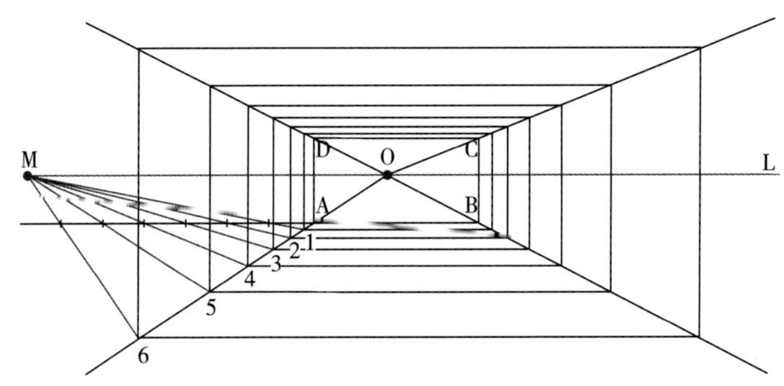

图2-12 步骤五图示

步骤六

再分别连接灭点O和“基准面”上的代表宽度与高度的尺寸点，擦掉不必要的辅助线和辅助点，至此完成画面的基本透视框架，见图2-13。

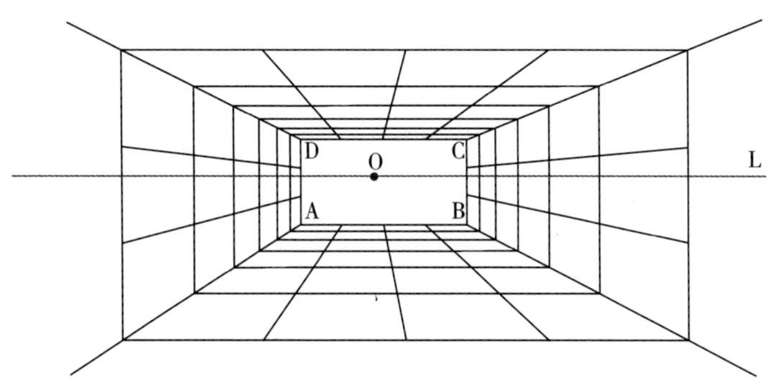

图2-13 步骤六图示

在透视框架中求得具体的景物形体的步骤与由内而外的透视画法基本雷同，只是物体的高度需在进深较远的“基准面”上求得，然后连接灭点O并向近处画延长线，再与各坐标点的垂直线相交，得到形体高度和完整的景物形体透视。

需要强调的是，无论由外而内还是由内而外的透视方法，画面景物的实际尺寸都要通过“基准面”求得，也就是说，“基准面”上的尺寸是实际景物的真实比例尺寸，景物经过透视后的尺寸需要连接灭点和“基准面”上的实际尺寸点，并画延长线获得。“基准面”在实际景观场景中并不存在，它只是一个方便画图的参照面。

二、两点透视

（一）两点透视的表现特征

两点透视也叫成角透视，因为其表现效果自然、生动，在园林景观设计手绘图中常被采用。与一点透视的根本区别是它有两个灭点，表现出来的景物跟人的视线所见的真实场景比较接近，因此画面效果更加真实、生动。

（二）两点透视的基本方法

由于两点透视的绘图方法较一点透视相对复杂，对于经验不足的绘图人员，即便严格按照规范步骤画出的透视效果，也常常会出现变形、“广角”等违背真实场景的效果；而经验较丰富的绘图者面对复杂的景观设计场景，也会感到两点透视给手绘工作带来的麻烦。为了提高工作效率，绘图者可采用计算机和手绘相结合的方法绘制设计表现图。早在多年前，日本设计师就采用类似的方法解决实际问题，极大地提高了工作效率。两点透视的具体绘图步骤如下。

首先，由计算机软件AutoCAD生成景观主要结构的透视框架，可运用计算机辅助绘图的便利条件，比较、选择出最恰当的透视角度，以便完整、清晰、准确地展现设计内容、传达设计意图。其次，选择恰当的透视角度打印出来并拓图，再添加其他对透视要求不严格的景观要素，如植物、人等非几何形体。图2-14为同一建筑的不同角度的透视图。

图2-14a，由于灭点隐藏在主体建筑内，只能看到主体建筑的正立面，缺乏体积

感。图2-14b，由于视距过近，近处建筑形体发生变形。图2-14c，由于视距较远，透视线略平，地平线不仅把主体建筑高度平均等分，且与画面左侧建筑顶部几乎成为一条直线，画面呆板、令人费解。图2-14d，视点位置和视距恰当，透视角度体现出建筑的主要形体特征，构图稳定，略微仰视的角度合乎人们观察室外景观的正常视觉效果，确定该透视角度为最终设计手绘图的基本框架并打印出来。

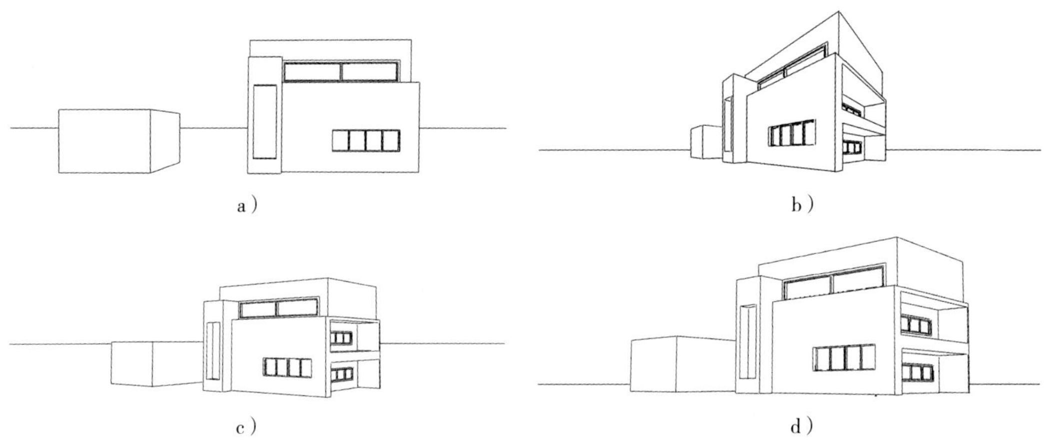

图2-14　同一组建筑不同角度的透视图

把打印的透视框架拓图后，添加植物等配景物体和人物，即可使画面整体效果充实丰满，见图2-15。

图2-15　添加配景的透视图

这样的绘制方法不仅提高了工作效率、保证了透视的准确性，画面看起来也真实动人。这种方法尤其适用于两点透视，便于表现面积大、内容复杂的景观场景，在实际工作中表现正规的设计手绘图时应用较广。

如果是设计草案阶段，两点透视又常常被方便快捷的变形的一点透视方法所取代。

三、变形的一点透视

（一）变形的一点透视的表现特征

变形的一点透视也称简便的两点透视。这种透视方法结合了一点和两点透视的特长，既没有两点透视的绘制过程复杂，又比一点透视显得真实生动，在实际绘图时是一种快捷有效的方法。因为它没有严格地按照透视规律进行计算，故需要通过练习逐步掌握画法规律和技巧。

（二）变形的一点透视的基本方法

变形的一点透视虽然从效果来看更像两点透视，但因为只有一个灭点，它的绘制方法与一点透视有很多相同的步骤。在用一点透视的方法画出底面的进深透视框架后，即之前的六个步骤与一点透视由外而内的画法步骤相同。

步骤七

将OA线上每一个进深尺寸点与OB线前一位尺寸点相连，以此类推画出底面倾斜的透视框架，见图2-16。

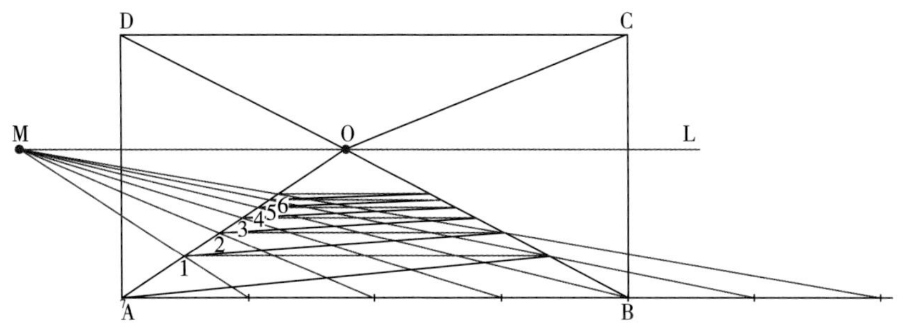

图2-16　变形的一点透视步骤七图示

步骤八

将水平的底面进深线擦掉，并由底面的进深交点向上引垂线，与OD和OC线相交，连接交点。再分别连接灭点O和矩形“基准面”上代表宽度与高度的尺寸点，擦掉不必要的辅助线和辅助点，至此完成画面的基本透视框架，见图2-17。

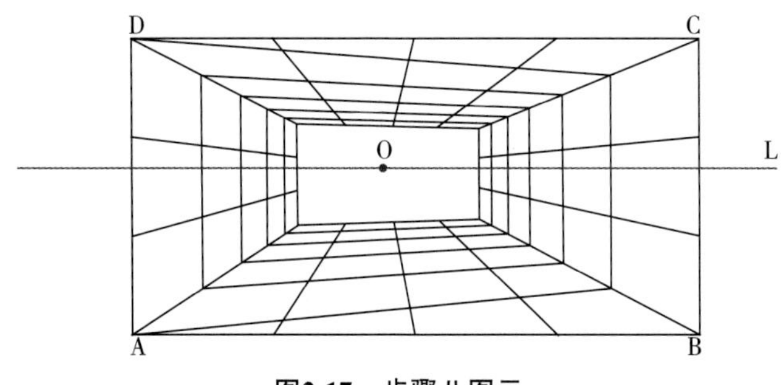

图2-17　步骤八图示

具体绘制时，画面中的大多数进深线都是根据基本框架来大致定位的，两条基本进深线之间的平行线，其倾斜度要依靠观察临近透视框架的斜度依据进行绘制。需要强调的是，在整个透视过程中，要始终保留最初的标准矩形“基准面”，因为在其上的尺寸点是透视的基本点，也就是说，画面中任何景物的实际尺寸都要在此面上找到相对应的基准点，然后经过透视连线画出图中景物。

在变形的一点透视中，底面透视线离观察者的视点越近，倾斜度越大，但其透视效果不像两点透视那样近处形体常会发生变形。在变形的一点透视中，透视倾斜角度的大小取决于最初一点透视进深大小的确定，进深越大（M点距离“基准面”越近）则倾斜角度越大。在透视过程中，有些人一味遵从规范的计算，往往忽略了借助形象思维的方法来判断透视效果。实际手绘表现时，如何用简化的透视方法表现出真实、生动的画面效果是较现实的问题。透视的简易方法有很多，但离不开对透视原理的熟悉和把握，需要绘图者运用不同透视方法进行各种角度的景观透视练习，不断总结规律才能找到快捷、有效的透视方法。

第二节　透视图的绘制要点

所谓好的透视图，是指看起来自然舒服、有表现魅力并能较详实说明设计内容的透视图。初学者可以针对一个表现内容尝试用不同的透视角度展现，通过比较看出不同的透视角度所体现的设计信息量和画面意境的大相径庭。初学者可以先画几个不同角度的透视小稿，然后选择最能表达设计意图的角度绘制成正规透视图。

一、视点的选择

（一）视高的选择

视高指的是视平线的高度，即视点所在的水平线高度。人的正常视高是1.6m左右，如透视图的视高为此高度，画面看起来非常符合正常视线效果，因此会有较亲切的真实感。但在实际设计过程中，需要表现的设计内容和意图各不相同，针对同样的景观场景，选择不同视高所呈现的透视图效果会截然不同，因此，透视图中视平线的高低并非一成不变，它取决于具体的设计内容和绘图者要传达的场所意境。

1. 平视的透视图

通常情况下，园林景观中物体相对较高，如果按照人的正常观察角度，即视高为1.6m的平视角度进行表现，透视图常常会出现仰视的角度，这种透视角度便于体现景观空间的真实感和宏伟效果。图2-18的视线高度适合景观环境中人的常规观察角度，透视效果较真实可信，且体现出了建筑的宏伟效果。

图2-18　平视的透视图

2. 俯视角度的透视图

在手绘图中，有时根据需要表现的景观内容及特征，也会选用俯视的透视角度，即抬高视平线，以便全面表现整体景观场景的设计情况。俯视的透视角度虽然不符合人的正常观察视角，却使整体景观设计情况一目了然，便于设计师和委托方宏观地把握场地总体布局，见图2-19。

图2-19　俯视角度的景观设计手绘图

若要营造园林小景的亲切气氛，或对整体景观场景完整体现，就需提高视平线，这样可以对全景一目了然，如图2-20。

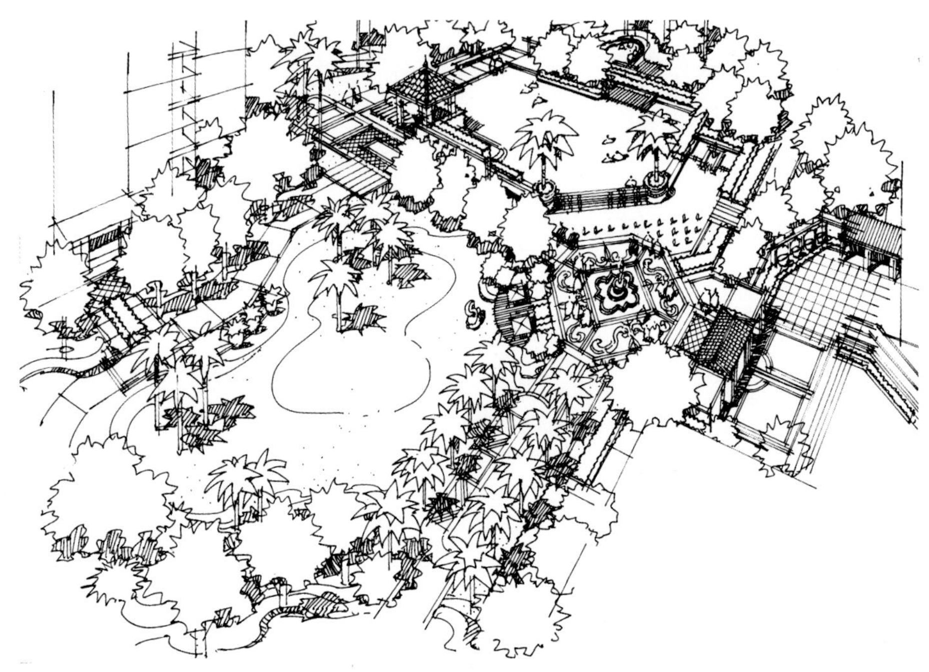

图2-20　俯视的透视图

3. 仰视角度的透视图

仰视的透视方法在设计手绘图中经常采用，其视线高度低于正常的视高，通常能使画面产生较宏伟壮观的视觉效果，体现出独特的景观设计意境，适用和表现范围较广，如纪念性的建筑物或广场景观等，见图2-21。

图2-21　仰视角度的透视图

（二）视点的选择

不同的视线高度使透视图呈现不同的效果，而相同视高的透视图，由于视点的左右位置不同，也会产生截然不同的画面效果。见图2-22、图2-23。通常情况下，视点位置的选择应保证画面中的主要构筑物有一定的体量感，如果灭点在景观主体构筑物的透视体积内，或过于靠近主体构筑物，人们所能见到的就只是构筑物的一个面或侧面，这些都会使建筑物的体量感表现不充分，造成画面效果单调呆板。

图2-22　透视图灭点位置不当造成画面效果单调呆板

图2-23　该透视图因灭点位置恰当、视距正常，透视无失真现象，且主体构筑物内容表现充分，体积感较强

二、透视图中配景的比例尺度

（一）配景的比例尺度对画面的影响

园林景观设计手绘图中的配景在画面中是重要的构成元素，对透视图的效果产生至关重要的影响。透视过程中常犯的错误是配景景物的透视比例尺度掌握不好。配景画的过大会显得主要构筑物的体量太小，尤其是近处的人或其他配景过大，还会产生喧宾夺主的情况，见图2-24。配景尺度过小会使其他物体看起来有如庞然大物，同样会造成场景失真的效果，见图2-25。因此，不能忽视画面中所有景物的透视关系，应采用合适的透视方法使配景的比例尺度尽量准确，见图2-26。

图2-24 配景人物尺度过大，主体建筑看起来体量缩小，且近景人物刻画过于详实，喧宾夺主

图2-25 配景人物尺度过小，主体建筑看起来体量过大

图2-26 配景人物尺度适当，主体建筑看起来体量真实

（二）配景的透视方法

以景观环境中人的透视方法为例，见图2-27。在画面中选用尺度明确的构筑物为参照，量出人的高度AB，然后在视平线上定任意点O，分别连接A、O和B、O。若人物处在地面f点位置，经过f点画水平线与BO的延长线相交于F点，在相交点引垂直线与AO延长线相交于E点，再经过此交点引水平线与f点的垂直线相交得出e点，ef正是处于f点的人的透视高度。用同样的透视方法可求得画面中处于d点的人物高度。

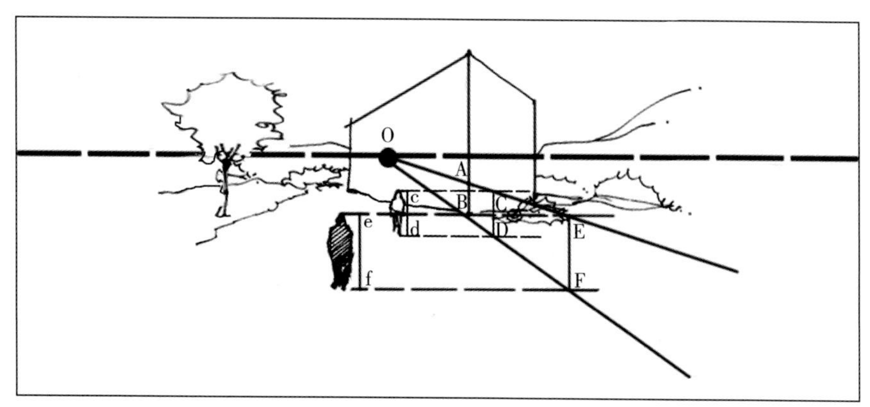

图2-27 景观环境中人的透视方法

第三章

构 图 基 础

构图一般是指："对画面中的构成要素进行合理布局，使之成为一个整体，其中所有部分都能在各自的位置上对整体起到作用，成为服务于整体的必要组成部分。"好的构图能够使画面表现主题突出，视觉效果既生动自然又具备完整的秩序感。不同的画面需要展现的设计内容和观察角度不同，因此不能简单地规范出标准的构图范式。但园林景观手绘图中的构图并不同于创作一件完整的艺术作品时要求那么高，因此会有一些构图的简单规律可供绘图者手绘表现设计时参考，有助于绘图者快速掌握构图要领。

第一节　画面的均衡

画面中各图形的面积大小、数量多少及明暗和色彩重量，都会在画面中产生一种量感，如果量感分布均衡，画面的构图就会达到平衡，否则会令人产生不稳定的印象。均衡感并不代表画面缺乏灵动的活力，因此，只要充分调动、有效组织各种画面构成元素，营造出虚实、疏密相间的节奏关系，就会使画面产生生动、自然的效果。

一、均衡关系的主要特征和构成因素

（一）均衡关系的主要特征

画面的均衡分为对称和不对称均衡两种情况。对称的均衡是最简单的均衡，但容易产生呆板的画面效果，可运用景观中的配景元素如花草树木、人物及其他道具的穿插组合，来调配画面的节奏关系，达到丰富、活跃画面气氛的作用。不对称的均衡则依靠各景物"量"的均衡分布，达到整体画面的平衡关系。

（二）均衡关系的构成因素

组成画面的不同景物都有一定的量感，量感是由画面构成元素的综合性质决定的，如造型、明暗、色彩、虚实等，这些正是构成画面均衡关系的主要因素。通常情况下，造型复杂的比造型简单的形体显重，黑白关系中黑色最重，色彩中的暖色、艳色、深色相对较重。画面中的任何形体都不是独立存在的，它们与周边形成一定的对比关系，从该角度进行分析，明暗对比和色彩对比（色相、明度和纯度对比）强的形体组合量感较重，反之则量感较轻。

二、构成均衡关系的具体方法

我们以下面各图为例，说明构成均衡关系的具体方法。

图3-1由于近处树木所占画面体量较大，明暗对比强烈，画面重心向右偏移，构图缺乏稳定感。

图3-1　构图缺乏稳定感

图3-2左侧适当添加配景绿化，画面构图达到均衡的效果。但左侧树木距离建筑主入口的朝向过近，画面略显拥挤。

图3-3画面中建筑的主立面进行了重点刻画，加强明暗对比，虽然所占画面面积明显小于近景树木，但近景树木处理成明暗对比较弱的线描形式，画面重量感均衡。

图3-4画面中心通常也是平衡的中心，如果中心部位明暗对比强烈，将对平衡画面起到决定性的作用，同时可突出画面需表达的重点。图3-4天空与地面的倾斜线条活跃了画面构图，避免了中心构图易产生的单调呆板。

图3-5画面左侧树木体量大，且明暗对比较强，运用右侧人物数量多、动态生动的处理手法，使画面构图均衡。

图3-2 画面略显拥挤

图3-3 画面重量感均衡

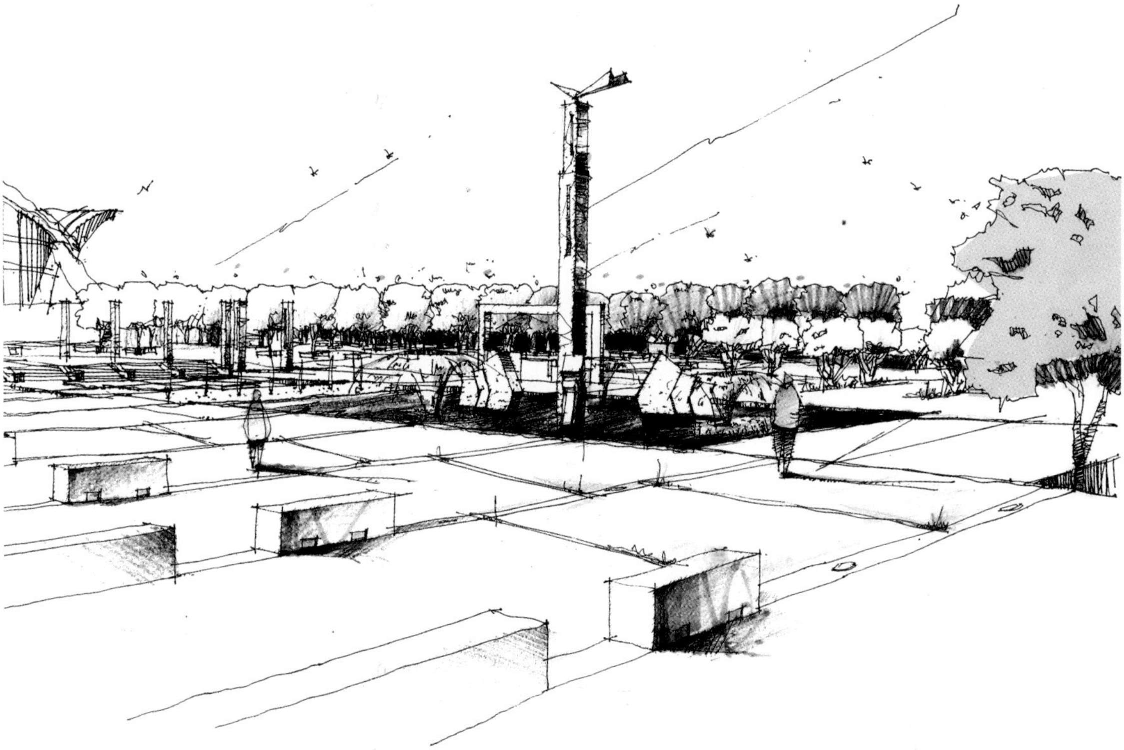

图3-4　倾斜的天空线条和地面线条活跃了构图

图3-5　构图均衡的画面

此外，地平线在图面中的上下位置也很重要。通常情况下，地平线应设在画面中线以下的位置，这种构图比较符合人的实际视觉效果，画面也不会显得头重脚轻，容易形成稳定感，见图3-6。如果手绘图中要表现的景观设计重点内容是地面（地面的内容比较丰富），此时地面所占图面面积可相对加大，见图3-7。

图3-6　稳定感的画面

图3-7　水面景观是画面表现重点，所占画面面积较大

图3-8中园区路面踏步形式是该手绘图表现的重点，地面所占面积可以大于建筑立面和天空，由于地面内容较丰富，画面并没显得头重脚轻。

图3-8 地面内容表现丰富

第二节 取 景

针对同样的表现对象，取景的角度和景深不同，产生的构图效果会有很大差异。任何透视角度的场景表现都会有一定的局限性，不可能顾全所有的设计内容。因此在构图之初需要进行取景的构思，判断、选择需要重点表现的内容以及哪些部分可以适当舍弃。

首先明确设计应解决的主要问题和画面要表现的主体内容，将其定为画面应突出的重点。接着选择观察的距离和角度，确定主体在画面中的具体位置和体量。然后采用恰当的透视形式以便将其较详实的展现出来。应避免主体内容被其他景物大面积遮挡或景物相切、过疏过密的现象，在没有脱离实际设计情况的前提下，依靠可移动配景物在画面中的灵活分布来调整构图，以达到令人满意的效果。

一、景深

（一）景深的概念

景深代表画面的纵深范围，是指以观察者的视线为出发点到画面所能表现的“尽头”之间的距离。景深对画面效果的影响非常大，景深及景观空间的实际距离虽不能改变，但可通过不同的构图形式对画面中的视觉景深进行调节，根据具体情况将景观中的内容组成恰当的景深层次，以达到理想的空间效果。

（二）景深的层次

图3-9画面内容按景深的空间层次划分，大致可分为前景、中景和远景，见图3-10~图3-12。不同景深之物体刻画的细致程度不同。

图3-9　含多种景深层次的画面

图3-10　前景

图3-11 中景

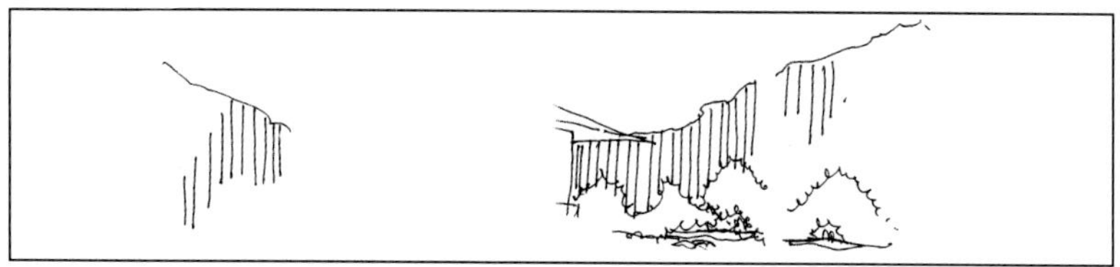

图3-12 远景

1. 近景

由于透视的关系，实际近景物体在画面中占据的面积有时会很大，往往容易遮挡住中景的主要景物，因此，近处的景观内容与形式通常由绘图者根据需要进行主观安排，以便起到调节构图的作用。例如，面积过大的近处景物不宜表现完整形象，或进行虚化的处理以便减弱自身量感。近景景物如果在内容上与中景不发生冲突，体量上不是很大，可进行细致刻画，特别是对低矮的植物细致描绘，会使画面看起来更加真实且生动自然，同时能丰富景深的空间层次。如图3-13，画面左侧近景树木体量较大，概括地勾画出外形轮廓即可，不必表现完整形体，以便更好地衬托画面中心的主体景观内容，而近处低矮配景可进行细致完整的刻画。

图3-13 近景的刻画

2. 中景

通常情况下，需表现的设计主要内容被安排在画面中景位置，该位置是画面需要表达的重点，因此刻画得比较翔实、深入；再通过近景的适当遮挡可以营造空间纵深感，表现整体景观的丰富层次。

3. 远景

远景内容虽然不是画面表现的重点，但在透视图中却是营造纵深感的重要部分。通过对中景留白部分的填充搭配，可使画面体现出丰富的景观空间层次。绘图时应充分运用虚实对比的表现方法，避免背景与前景混淆。

（三）景深的表现方法

除了运用透视方法产生层次丰富的景深效果，还应借助明暗、色彩和虚实对比等表现手法营造生动、自然的景深层次。由于中景内容通常是画面表达的重点，在实际手绘过程中，近景处形体刻画可相对精细，明暗对比、色彩对比及虚实对比适中；中景物体各方面对比应适当强化；远景物体形象模糊，只需在手绘图中表现概括的形体关系。

二、画面重点

手绘表现的主体内容即是画面重点，如果图中重点不明确，整体效果就会显得杂乱无章，也就不能清楚表达设计中的主要问题。使画面重点明确突出有以下几种方法。

（一）画面重点位于画面中心

设计和表现重点应放在画面中的显要位置，通常靠近画面中心，见图3-14。

图3-14　设计重点靠近画面中心

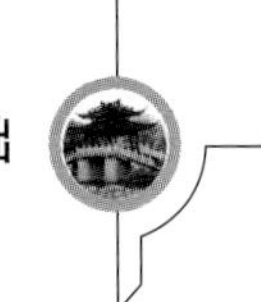

（二）加强对比

重点部位的明暗对比、色彩对比或虚实对比应强于其他部位。

图3-15画面中景作为重点部位刻画深入，远景树木和近处配景起到衬托中景的作用。非重点部位刻画虽然也较细腻，但明暗对比关系较弱，突出了画面主体。图3-16画面构图均衡稳定，手绘线条灵活、生动，但整体表现略显零散，画面主题不够明确。

图3-15 重点部位刻画深入

图3-16 画面主题不够明确

（三）重点部位着色处理

为了节省绘图时间，可在画面的重点部位进行着色处理，而非主要部位大面积留白，这样既增强了画面的对比效果、主次分明，又使重点部位的设计意图表达充分，见图3-17。

图3-17　重点部位着色处理

第三节　常见的错误构图

一、构图拥挤

构图拥挤是指主体建筑物或构筑物正立面前方没留有适当的空余或有体量较大的景物遮挡，画面有拥挤的感觉，见图3-18。这时应调整构图，使主体构筑物正立面前方留有

适当空余，画面便有开敞舒适的感觉，见图3-19。

图3-18　画面拥堵

图3-19　画面开敞舒适

二、等分现象

构图中常见的等分现象有竖向等分和横向等分。

（一）竖向等分

竖向等分主要指景物居于画面中心，使两侧等分，或体量较大的主要建筑形体的边线使画面竖向等分，这会使画面整体效果显得呆板、缺乏生气，见图3-20。

图3-20　建筑的主要结构线竖向等分画面，且近景树木位于左右中心位置，画面呆板

（二）横向等分

横向等分是指画面中实体和空虚的部分上下各占一半，见图3-21。或视平线平分景观主体构筑物，画面分割上下对称，整体效果也会显得呆板，见图3-22。此时，降低或抬高视平线将会使画面生动，见图3-23。

图3-21　分界线过平

图3-22 整体效果呆板

图3-23 画面生动

三、形体边界相切

形体边界相切是指画面中不在同一景深层面的物体或人物的形体边界恰巧连接在一起，透视关系和前后层次令人费解，使画面看起来不舒服，见图3-24。

图3-24　形体边界相切

四、画面不稳定

画面纵深方向的透视线要流向灭点，一组平行直线经过透视朝一定方向的流动感更强，甚至会造成画面的不稳定感，见图3-25。因此，需要在流向的一端用景观中的其他物体进行阻挡，见图3-26。

图3-25　无数条透视线流向左侧画面以外的灭点，画面缺乏稳定感

图3-26 因为有相反方向的“阻力”，稳定感加强

五、景物缺乏遮挡

景物缺乏遮挡是指为突出要表现的主体景物而尽量避免遮挡，反而使画面出现呆板和不自然的视觉效果，见图3-27。事实上，绘图者不必担心景物表现不完整等问题，运用配景进行适度遮挡有助于表现场景的景深关系，同时可通过遮挡不重要的部分来突出画面重点，见图3-28。

图3-27 避免遮挡使画面呆板

图3-28　适当运用配景进行遮挡

尽管构图要追求形式美的规律，但展现设计内容与解决实际设计问题更是手绘表现的根本。如果构图中没有清楚表达设计的主要内容反而过分强调陪衬物，这样的构图无论艺术形式怎样完美，仍是不恰当的构图。

第四章

园林景观设计的常用手绘技法

钢笔、彩色铅笔、马克笔、水彩等手绘技法是园林景观设计中常用的设计表现形式，其中，钢笔（或墨线笔）、彩铅与马克笔的表现技法的绘图工具携带方便，绘图速度快且表现力较强，在实际景观设计工作中应用广泛。由于不同技法所产生的视觉效果不一样，适合表达不同的设计意图，因此，优秀的设计和绘图人员最好能掌握多种手绘技法，在实际工作中能够针对具体设计状况灵活应用。对于初学者来说，较快捷的学习方法是直接选择一两种行之有效的手绘技法，通过反复临摹和练习掌握表现要领；或通过尝试不同的表现类型后，选择自己易于掌握的手绘技法继续深入练习。

在实际工作中，进行设计手绘表达之前要有明确的计划，这是设计师有效掌控设计流程与提高工作效率的好方法。首先要明确画面需要传达的设计意图，对画面需表现的设计内容、表现形式和技法的定位同样需要精心的计划，这些工作是做好设计手绘表现的前提条件。具体地说，就是要根据不同设计主题和设计表现内容来确定手绘表现方式，包括绘图纸张、工具的选择，透视角度、构图形式的定位，线条、色调、光影与质感的协调以及技法表现的先后步骤等。

第一节　手绘图的材料和工具

一、常用手绘图纸张

（一）复印纸

方案制订的初期阶段，手绘草图时常使用的纸张是A3或A4型号的普通复印纸。这种纸材适合普通铅笔、绘图笔、彩色铅笔等多种手绘工具，而且价格比较便宜、便于携带，在实际设计工作中应用广泛，深受专业人员欢迎。

（二）硫酸纸

硫酸纸的透明特性决定其在手绘图中的重要作用。使用硫酸纸进行草案勾画，便于修改与调整方案。同时，它也是用来拓图的最便捷的纸张。由于它的纸面光滑，不易于彩铅、水彩的着色，通常情况下，绘图笔和马克笔在硫酸纸上挥发性较好，线条流畅，能够充分展现此类手绘技法的表现特长。

（三）绘图纸

绘图纸是设计手绘表现时较常用的专用纸张，由于其质地较厚、纸面纹理细腻，较普通的复印纸更易于彩色铅笔和马克笔的着色。因此，在较正规的设计手绘表现图中，常常以绘图纸替代普通复印纸。

（四）水彩纸

水彩纸的纸基与普通绘图纸或打印纸相比较厚，吸水性能好，表面质地粗细适中，非常适合水彩技法的表现。水彩纸根据纸面肌理分为细纹和粗纹两种类型，通常用来进行设计手绘的为细纹水彩纸，以便清晰地表现出景物的形体结构关系。实际绘图时，马克笔技法也常常应用在水彩纸上表现，由于水彩纸对马克笔颜色的吸收力较强，画面色彩效果不如在硫酸纸上亮丽。

二、常用手绘辅助工具

除了各种绘图笔、颜料和绘图纸张以外，其他的辅助工具有直尺、三角尺、丁字尺、曲线尺、鸭嘴笔、刀具、胶带纸、胶水、电吹风等，绘图者可根据不同手绘技法的具体情况选择相应的辅助工具配合使用。

至于手绘过程中是否需要借助尺子等绘图工具，一方面取决于绘图者的手绘功底，另一方面还要根据设计表现的内容以及绘图者需要传达出怎样的画面意境决定。在设计方案的草图阶段可以徒手绘画，选择不用借助尺子的绘图手法；但手绘正式表现图时，用尺子更容易获得准确而有力的线条和造型，可以和徒手绘画的方法结合运用，使图面效果更加真实生动。当然，如果绘画基本功非常扎实，不借用任何尺子等辅助工具也是可以的。

第二节　钢笔表现技法

钢笔技法是园林景观设计中主要的表现技法之一，也是必备的基础技能。有些手

绘形式如彩色铅笔、马克笔等，都要依靠成熟的钢笔底稿再进行着色处理，因此，钢笔技法可以说是手绘表现的重要基础。钢笔技法的绘图工具不但价格便宜、携带使用方便，还具备很强的画面表现力。钢笔画依靠线的组合以及线的粗细、长短、曲直、疏密、虚实等来组织画面，线条本身没有浓淡之分，笔调清晰明快，既可以进行精致细腻的刻画，也能表现粗犷奔放的画面风格。简洁的笔触能够形成不同的表现样式与画面风格，易于表达丰富的设计内容和画面层次。使用钢笔手绘画图速度快，工具携带便捷，画幅又不受限制，尤其方便设计师随时随地记录构思、采集素材、与他人沟通交流设计意图。它的不便之处是不能涂改，因此，较正式的钢笔手绘图需要借助简略的铅笔底稿。普通设计和绘图人员通过练习可在较短的时间内掌握钢笔手绘的技巧。

一、工具及技法简介

（一）绘图笔

钢笔表现技法的绘图工具不仅局限于普通钢笔和速写钢笔，还包括针管笔、签字笔等各类绘图笔。传统的速写钢笔虽然可以灵活表现线条的粗细效果，但必须经过大量的训练，才能熟练地掌握绘画技巧。普通钢笔和速写笔都需要注入墨水，笔头有时还会干枯。如果墨水画出来不能及时干透，经常会弄脏图面，因此很多人更喜欢用一次性的绘图笔或墨线笔。

绘图笔分为油性和水性两种类型。水性笔的缺点是，水性颜料若附着其上，黑色墨线立即会变“花”，因此，需要用水彩进行着色的手绘图建议使用油性绘图笔起稿。绘图笔依笔头粗细分为不同型号，实际绘图时常用型号为0.1~1.0的一次性勾线绘图笔。依照个人绘图习惯和图面表现内容，同一幅图内可选择粗、细型号笔搭配使用，用粗线勾画主要形体结构后，再用细线填充阴影或材料的纹理等；也可采用一种型号的绘图笔，依靠线的各种组合来组织画面，而笔尖的粗与细将决定画面风格是粗犷还是细腻的关键要素。

此外，铅笔起稿时应注意太粗或太软的铅笔容易弄脏画面，通常选用普通的HB型号铅笔，橡皮则建议使用白色的专用绘图橡皮，以免反复修改将画面染色。

（二）技法简介

钢笔手绘图的基本元素是线条。每个人都会画线，线条在不同的绘图者的笔下效果却大相径庭。有些人画的线是松散、呆板的，有些人画的线既精确又生动，甚至赋予了线条个性和生命的美感。线条本身具有很强的表现力，绘图者一旦找到正确的学习方法，就可以在较短的时间内掌握基本画法，从而有效表达设计意图。但要达到一定的艺术水准还需深入练习并从其他绘画媒介方面吸取营养，如中国传统国画中的优秀线描作品。

钢笔手绘图中的形体、色调、质感都要依靠线条的组织来表现。线条的排列方式不同，产生的效果也不一样。不同的线条组织形式，既能表现设计表现图中材料的质感纹理，同时也能体现画面的明暗色调。

既然线的表现是钢笔手绘画面质量的关键，绘图者首先就要进行基础的单线条练习，接着要进行线条组合练习，最后是由简单到复杂的场景练习。整个练习过程需要循序渐进，逐渐达到熟练掌握的程度。

1. 单线条的练习

单线条包括直线和曲线。画直线是钢笔手绘线条的基础。直线在园林景观设计手绘表现中应用广泛，它看似简单易画，却需要掌握一定的画法技巧才能体现其生动的表现力。徒手绘制直线可分为“快”和“慢”两种表现方法。

（1）快画法在实际手绘中是较常用的线条表现方法，能够在最短的时间内将设计者的意图表现出来，画面风格帅气洒脱。快画法对绘图者的能力要求较高，因为运笔速度快，还要体现出线条的张力和变化以及相对准确的形体结构关系，因此，初学者很难在较短时间内熟练掌握，可以由慢至快、由短线到长线，循序渐进地适应练习。画线时，关键要注意落笔力度的控制。美观的手绘直线通常是挺拔、流畅的，因此下笔时既不能盲目用力也不要犹犹豫豫。正确的画法是，起笔与收笔时适当加强压笔力度，这样会使线条肯定有力；线与线的交接处可适当出头，使画面看起来生动丰富而不显拘谨。起笔与收笔时处理草率、线条不直而缺乏力度、重复描画线条或直线断断续续等，都会导致糟糕的画面效果。

（2）慢画法画出的线条像颤抖的细小波纹，不如快画法的线条显得硬朗帅气。这种画法因其运笔速度慢而较易控制线条的走向，但容易使一条长线因为前后用力不均产生不好的效果，往往要求绘图者在画线时屏住呼吸，线的效果才能前后一致。大多数初学者认为慢画法可以更容易控制画面效果，便于在短时间内掌握。

如果说快画法呈现出的图面效果帅气潇洒，那么慢画法则更加细腻。根据个人特点，绘图者可任意选择一种画法进行练习，然后应用到不同的园林景观设计手绘图中。如果有精力掌握两种方法会更好，可以根据不同的画面题材和内容选择不同的画法，把设计意图表现得更加准确。

此外，在园林景观设计手绘图中还有很多常用的特殊线形，它们既适合表现不同景物特征，又能体现出不同的手绘风格。绘图者可以有针对性地选择优秀的范例临摹练习，逐步掌握各种典型线条的画法要领，以便应用到实际设计手绘表现图中。

2. 钢笔线条的组合

钢笔线条虽然只有一种深度且没有颜色，但同样具备丰富的表现力。由于线条的曲直、长短、方向、组合的疏密、叠加的方式都各不相同，钢笔线条可产生变化多端的视觉效果，见图4-1。在实际钢笔手绘过程中，可以运用不同的线条组合形式来表现不同的形体结构、材料质感、肌理和光影，需要强调的是，线条的组合要注意疏密和虚实关系。图4-2根据形体的结构关系安排线条的组合方式，是较常用的排线方法。该图通过线条的不同疏密和方向的排列，体现了树冠和树干的体积感及明暗层次。

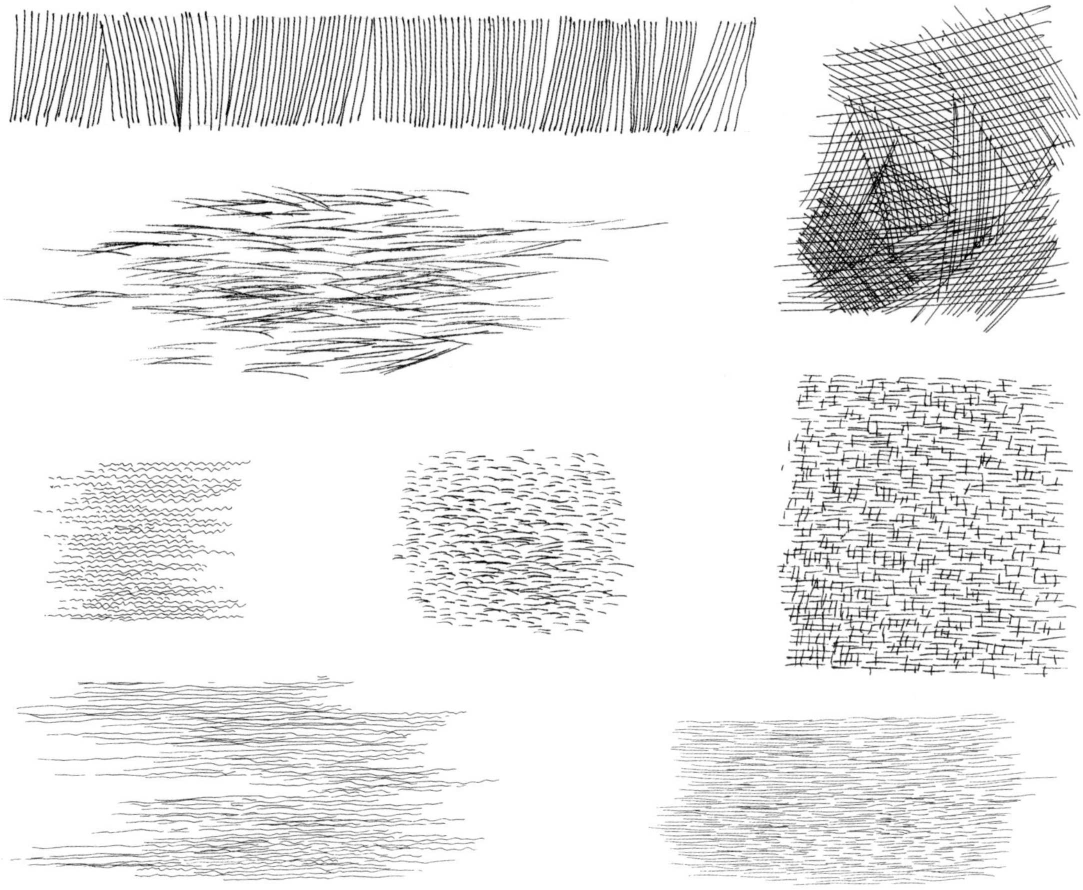

图4-1　不同线条的各种组合关系，可产生多样的视觉效果

图4-2　通过不同的线条组合表现树木

不同材料的表面质感各有其独特的表现方法，如木料、砖、瓦、草、大理石等典型的材料质感，通常会用完全不同的线条样式与组织形式去体现，见图4-3。

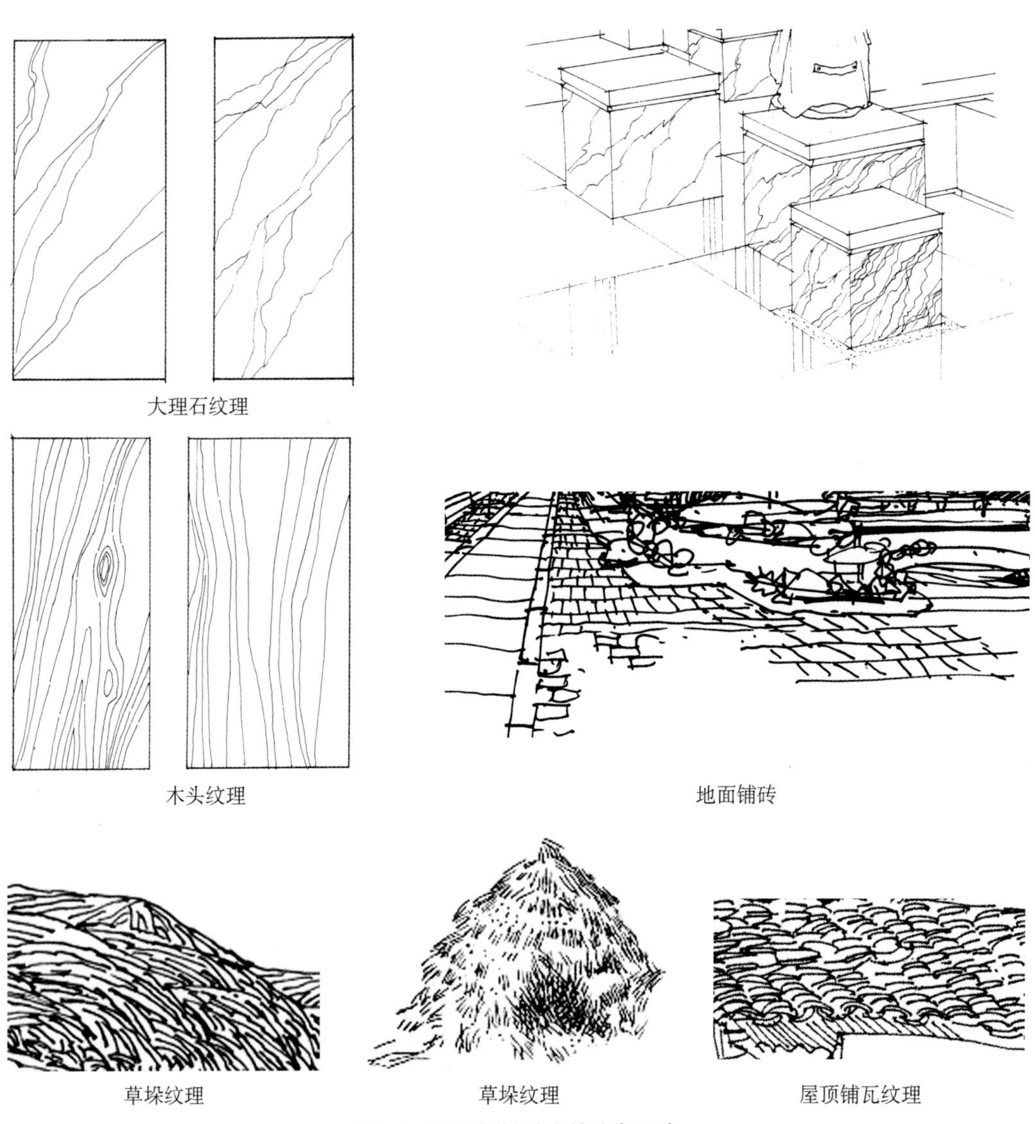

图4-3 不同材料质感的线条组合

二、绘图步骤

（一）铅笔底稿

首先画出景观中主要形体结构的透视框架。由于园林景观空间面积相对较大，手绘内容和种类丰富，景深层次比较复杂。通常情况下，对于普通的专业人员，正式的手绘图需要用铅笔起稿，便于反复修改。在铅笔草稿上确定画面构图、透视和主要景物，见图4-4。

图4-4 铅笔底稿

（二）细部刻画

接着进行景观内容的深入刻画，用钢笔（或绘图笔、墨线笔等）绘制正稿。要注意构图的完整性并突出画面重点，表现出画面的明暗和虚实关系以及空间层次感，见图4-5。随着手绘技法的熟练，铅笔底稿可适当概括处理，直接用墨线笔进一步深入完成手绘正稿。

图4-5 绘图笔绘制正稿

三、表现技法应用

（一）线描画法

线描是钢笔表现技法常用的基本形式，是以勾线为主的画法。通常先用铅笔打稿，再用墨线笔深入描绘，这种画法的主要特点是运用不同的线条组织形式来表现画面内容。当选用不同型号的墨线笔绘图时，可用粗线描绘景物轮廓，其他结构线用中等粗细的笔型，而材料表面的纹理以及线条过于密集的部位应采用最细的线型，这样会使景物形体关系明确，整体画面层次丰满。线描画法在实际工作中应用较广。

线描的钢笔表现技法不但本身可成为较完整的设计表现形式，见图4-6和图4-7，同时可以根据实际需要在线描图上继续着色，使画面更加完整深入。

图4-6 线描的钢笔表现图一

图4-7 线描的钢笔表现图二

（二）素描画法

素描的表现形式是运用线条的排列塑造景物形体，并营造画面的黑白层次、光影和空间关系。其所表现的画面由于层次丰富、刻画细腻，具有真实生动的场景效果。采用此种画法时，通常不用线条直接勾画形体边界，而靠明暗层次的对比表现出形体的结构关系。注意不要面面俱到，需根据实际情况概括处理。若要熟练掌握此种画法有一定难度，且绘图时间较长，因此在实际景观设计工作中运用较少。纯粹的素描画法往往强调画面的绘画效果，时常会忽略一些结构细节或设计重点，设计中的实际问题不能被有效传达。因此，用单线勾勒主要的形体结构，再结合素描画法深入完善画面层次，会使景物结构关系表达得更加清晰，见图4-8。

图4-8　素描表现图

（三）单线勾形结合简单的素描表现

这种画法结合以上两种表现方法的特长，画面既简洁明快又具备一定的立体感。对画面中需要加重的部位进行简单的明暗描绘，而画面中的其他景物可概括处理，这样不但可以强化对比效果、突出画面重点，相比纯粹的素描画法还能省时省力、提高工作效率，见图4-9。

图4-9　单线勾形结合简单的素描表现

第三节　彩色铅笔表现技法

彩色铅笔简称彩铅，由于用其绘图速度较快，表现技法难度不大，所用工具方便携带，在园林景观设计手绘表现中深受设计师的欢迎。彩色铅笔表现也是一种应用面广并常被采用的手绘形式，尤其在快速表现时，黑白底稿上涂以简单的几种颜色就能说明景观设计中的材料及用色等情况，画面氛围也能得到有效烘托。

一、工具及技法简介

（一）彩色铅笔

常用的彩色铅笔分普通型彩铅和水溶性彩铅。

彩色铅笔的种类很多，不同品牌的彩色铅笔由于质量不同，所画线条的细腻程度和色彩饱和度会有一定差异，可根据个人的绘图习惯和经验选择使用。要使画面色彩表现丰富而不显得生硬，建议选用至少24色以上套装的彩色铅笔，目前市场上从德国等国家进口的多色套装彩铅绘图效果较好。

（二）技法简介

彩铅的表现技法看似简单，但绘图者同样需要掌握一定的技法要领，否则就不能充分发挥其工具特色。由于彩铅的着纸性能不如普通铅笔强，绘图时应适当加大用笔力度，才能充分发挥其色彩特征。多数初学者由于不敢用力落笔，往往使画面色彩过灰，无法体现出画面色彩明度和饱和度的层次关系。使用彩铅进行手绘表现时，最忌讳大面积单色平涂，这样会使画面呆板而缺乏活力。运用彩色铅笔手绘的画面，应灵活运用色彩对比，在画面中营造既简练又丰富的色彩组合关系，体现轻松、生动的画面气氛，见图4-10。

图4-10　彩铅线条

图4-11　彩铅笔触

彩铅手绘表现图的墨线底稿应作较细致的描绘，如此一来，着色时即便在画面非重点部位大量留白，也可以使画面看起来依然表现完整，并形成明快的对比关系、节省绘图时间。此外，彩铅技法表现的手绘图中，笔触是不容忽视的一个关键要素。方向统一的线条排列可使画面看起来有序利落、景物形体表达清晰，而个别细节部位的笔触可随形体关系灵活调整方向，使画面刻画深入，整体效果更加丰富、自然，见图4-11。

二、绘图步骤

（一）绘制黑白底稿

使用彩铅进行正规的设计表现时，黑白底稿应该用墨线笔描绘，并尽量刻画得完整细致，在这样的底稿上进行彩铅着色，不必担心景物结构刻画是否准确，且可以轻松、快捷地表现画面色彩关系。

（二）彩色铅笔着色

使用彩色铅笔着色时，主要有两种典型的绘图步骤，可根据不同的表现内容和个人习惯决定选用其中任一方法。

1. 方法一

先进行大面积着色，可从画面的重点部位画起，明确画面的色调和各部位色彩的对比关系，然后再深入刻画重点区域和物体，见图4-12~图4-15。

图4-12　方法一步骤一

图4-13　方法一步骤二

图4-14 方法一步骤三

图4-15 方法一完成图

2. 方法二

直接深入刻画关键部位的色彩，然后以此为依据，以点带面地进行其他区域的着色处理，见图4-16~图4-20。

图4-16　方法二步骤一

图4-17　方法二步骤二

图4-18　方法二步骤三

图4-19　方法二步骤四

图4-20　方法二完成图

第一种着色步骤便于把握整体画面的色彩关系。初学者由于缺乏整体控制画面效果的经验，建议选择此步骤对画面进行着色处理。选择第二种着色方法时，容易导致画面整体色彩关系失控，应事先计划好次要部位与主体的色彩对比关系，做到心中有数再开始落笔，避免整体画面色彩对比的不和谐。

着色时还应表现出景观场景的光影效果，画面上如果有了明暗光影的变化，可产生立体感和空间层次感，使景物的形体和空间关系一目了然。注意光影表现要真实可信，明暗关系必须符合场景的实际受光情况。着色前应首先选择恰当的光线照射角度，其标准是有助于表现景观场景的空间感和构图的需求。

三、表现技法应用

在实际的园林景观设计工作中，无论是设计之初的草图绘制，还是设计过程中较正式的效果图表现，彩色铅笔都是既方便快捷又具备一定表现力的绘图工具。由于彩色铅笔的表现力细腻生动，因此能够快捷、有效地表现园林景观设计中所用材料、色彩及光线的丰富效果，直观、形象地表达出设计师的意图。在具体应用彩色铅笔绘图时应注意以下两点。

首先，不一样的落笔力度使彩色铅笔所画线条的色彩明度和饱和度不同，因此，可根据实际情况改变落笔力度，使同一种彩铅产生不同的色彩层次，从而丰富画面的色彩效果，同时有助于表现空间景深关系。其次，不同质感的纸张会导致彩铅所画线条的质感不同，因此将直接影响画面的表现风格。质地粗糙的纸张上的彩铅手绘图会有大气粗犷的感觉，而在质感细滑的纸面上作画会给人带来柔和细腻的印象。

图4-21细腻丰富的表现风格体现出宁静恬淡的景观意境，使画面中的场景更加真实自然，由于色彩明暗、冷暖、虚实关系对比恰当，避免了较细腻的画法易形成的呆板印象。

图4-21　细腻丰富的表现风格

图4-22简洁明快的彩色铅笔线条使画面整体风格粗犷帅气，而同一种颜色在画面中不同部位的重复运用，营造出节奏和韵律感。

图4-22　简洁明快的彩色铅笔线条

此外，水溶性彩色铅笔近年来也被设计和绘图人员时常采用。它比普通彩铅的表现力更为丰富，不但能表现出普通彩铅的传统绘图特点，还可以用水彩笔沾水涂于彩铅线条上产生类似水彩表现的画面效果，使用较为方便。水溶性彩色铅笔表现形式在国外较为常用，而我国的设计师大多坚持采用普通彩铅，因其绘图方法较前者更易掌握，绘图速度也相对较快，更能适应国内快节奏的设计与施工要求。

第四节　马克笔表现技法

马克笔也称麦克笔。与其他手绘技法相比，马克笔技法有自己独特的艺术语言与表现形式。由于其色彩丰富，使用和携带便捷，所绘画面效果简练概括，是园林景观设计中常用的手绘表现工具之一，马克笔手绘形式也是深受专业设计人员喜爱的设计表现样式。

一、工具及技法简介

（一）马克笔

常用马克笔有油性马克笔和水性马克笔两种类型。油性马克笔有较强的渗透力，在纸面上着色后很快会干，省去绘图时的等候时间，提高了设计工作效率。使用油性马克笔比较适合在复印纸、硫酸纸等界面上作图，其特点是色彩柔和、笔触优雅自然，缺点是初学者较难驾驭，需要多进行练习。水性马克笔的特点是色彩鲜亮且笔触界线清晰，缺点是叠加笔触过多时会造成画面颜色脏乱。水性马克笔在较薄的纸面上作画容易透纸，通常使用较紧密的铜版纸或卡纸绘图，较适合快速表现。如果在墨线上反复涂抹，水性马克笔的颜色会和墨线相混合，造成意想不到的中间灰色，此种效果如运用得当会令画面产生丰富生动的层次感，否则也会给画面带来脏乱的效果。在景观设计手绘图中，相比水性马克笔，油性马克笔的使用更为普遍。

目前在国内市场上出售的美国、日本、韩国的马克笔质量都不错，但大多数价格偏贵。国产马克笔的价位较合理，但色彩饱和度不高，影响画面色彩表现效果，建议可在手绘练习时选用。近年来，韩国的马克笔是后起之秀，有方和圆大小两头，可灵活表现粗细笔触。其色彩种类丰富，而且颜色在未干时叠加画线，还能使色彩自然融合衔接，画面表现力更加生动丰富。由于其价位也相对合理，深受设计人员欢迎。马克笔没必要成套买，通常准备60支左右即可，必备的首先是暖灰和冷灰色各个明度系列；其次，园林景观设计手绘中的常用色如绿色系列应尽量充分；然后少量点缀一些便于协调的饱和度较高的其他景观常用色。

（二）技法简介

1. 用笔技巧

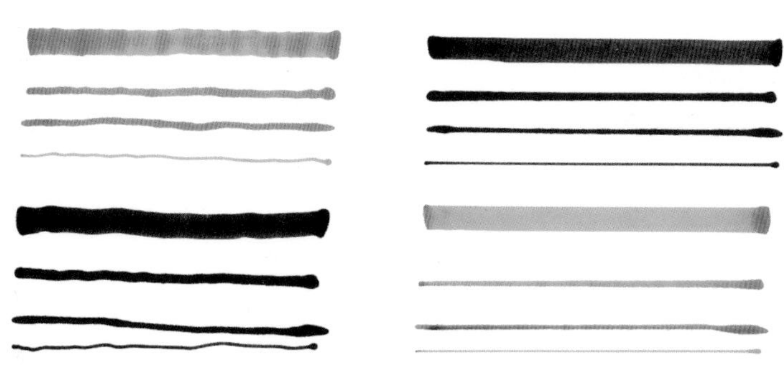

图4-23 马克笔线条

马克笔手绘表现的关键要素是用笔的技巧，马克笔的笔头带有特殊的切角，画图时，握笔的角度可以根据需要调节，笔头与纸接触的角度和面积不同，所画线条的粗细也不一样，画线时灵活调节笔身可自由控制线条的粗细变化。马克笔在运笔时强调快速明确，所画线条通常都有清晰的起笔或收笔痕迹，这样会使线条看起来挺拔有力，形成特有的简练洒脱之画面风格。图4-23中，左侧线条用笔拖沓，而右侧线条为正确用笔技巧。

2. 排线技巧

用马克笔绘图时，笔触大多以排线为主，因为马克笔笔触在相互重叠的位置会留下明显的颜色相加的痕迹，如果笔触排列缺乏秩序，重叠的笔痕会使画面看上去杂乱无章，见图4-24。因此，排线时要有明确的秩序，有规律地组织线条的长短、方向和疏密，见图4-25和图4-26。图4-27和图4-28为错误的排线方法。马克笔所画线条既不能一味地追求整齐，因为过于相同将导致画面呆板而缺乏变化，也不应过分注重表现画面中的漂亮笔触，那样会导致草率、浮躁的画面效果。要注意运用笔触体现形体结构的逻辑关系，避免脱离实体的自由发挥。

图4-24 重叠的笔痕过多显得凌乱

图4-25 线条的疏密和粗细变化，使排线效果有一定的节奏感，画面活泼生动

图4-26　趁颜色未干迅速画下一笔，笔触衔接较自然

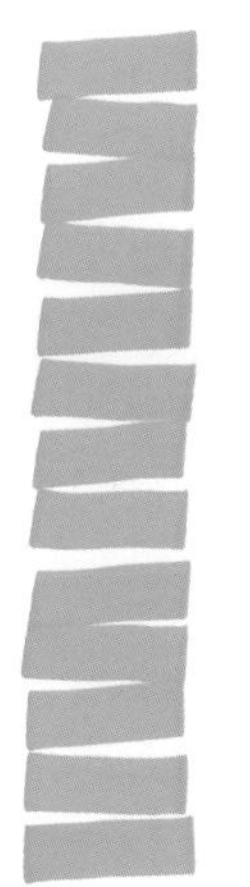

图4-27　线条的排列组合缺乏疏密对比，显得零散呆板

图4-28　排线零碎且笔痕过多

图4-29马克笔的排线方向顺着形体结构运行，有利于塑造面与面之间的形体转折关系，表现技法简洁利落。

3. 适当留白

由于不同的马克笔相互之间色彩不易融合，只能相互叠加或覆盖（深色可覆盖浅色），很难产生微妙丰富的色彩变化。因此，用马克笔表现的设计手绘图不必追求细腻的刻画，色彩需要概括处理，次要部位的受光面往往直接留白，形成简练、鲜明的层次对比。分析优秀的马克笔技法手绘图，常常会看到靠适当的画面留白来营造明快的对比效果，却很少见到大面积的渲染，因为那样会导致画面色彩僵硬呆板。因此，适当的留白是马克笔技法的另一个重要特征。

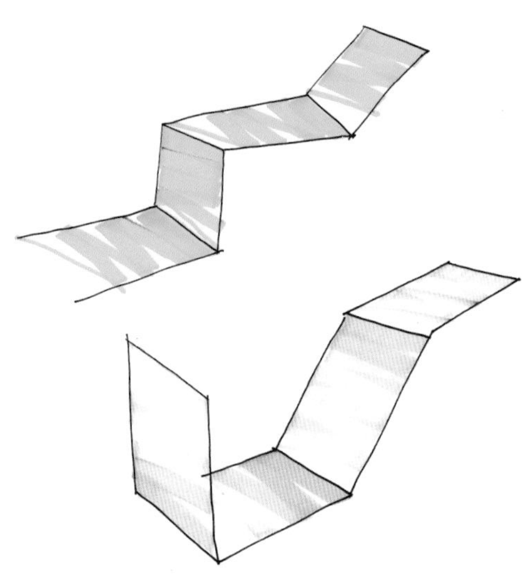

图4-29　运用笔触体现形体结构的逻辑关系

4. 灰色主调

可选用以暖灰色和冷灰色为主的各个明度的马克笔作为主要笔形，便于控制画面的色彩基调。应避免大面积使用单一的、艳丽的色彩，把饱和度高的色彩作为点缀色，使画面色彩统一和谐。

二、绘图步骤

（一）草图

先用铅笔在普通的复印纸上画好透视草稿，见图4-30。

图4-30　草图

（二）正稿

将草稿影印到马克笔专用纸PAD或硫酸纸上，这两种纸张对马克笔颜料的吸收性适中，颜色经过反复叠加也能达到满意的效果。复印纸吸收颜色太快，不利于色与色之间的过渡，画出来的颜色往往偏重，色彩饱和度会受到影响。因此，需要把复印纸上的铅笔草图影印到PAD或硫酸纸上，再用绘图笔画出完整的墨线正稿，为下一步马克笔的着色做好准备，见图4-31。

图4-31　正稿

墨线正稿的画法应符合马克笔技法的风格样式，线条不要刻意追求细腻丰富的表现风格，而尽量体现帅气洒脱的画面效果。甚至可以删去不必要的细节，突出画面的概括表达。画墨线正稿的具体步骤是：先画主体部位和近景物体，然后画出远景的景物，以避免前后形体线条交叉杂乱。钢笔底稿也可适当画出主体部位的明暗调子，使画面看起来更丰满。

（三）着色

由于用马克笔着色不便于修改，初学者在着色之前可先画几张小的颜色稿，为了节省时间不要描绘细节，然后经过比较确定正稿的基本色彩对比关系。因为马克笔的浅色无法覆盖深色，所以，用马克笔着色的一项重要原则是由浅入深。具体步骤是：从大面积的背景如天空、地面着手，然后进行树木、景观主体构筑物和其他景物的着色处理。先用冷灰色或暖灰色的马克笔将图中基本的明暗和色彩基调画出来；然后逐步添加其他纯度较高的色彩，同时调整画面的色彩对比，使整体色彩关系逐步丰满起来；最后使用较重的颜色进行细部处理，强化重点部位的色彩和明暗对比，见图4-32~图4-34。

图4-32　着色步骤一

图4-33　着色步骤二

图4-34　完成图

（四）调整

这个阶段主要从两方面着手，首先对整体色彩关系进行调整，修改不和谐的局部颜色，其次要深入刻画重点部位。由于马克笔在塑造细部结构方面有一定的局限性，因此可结合彩铅进行细部的深化处理，作为对马克笔的补充，但要注意不应用彩铅反复或大面积涂色，以免失去明快、生动的画面效果。图4-35中远景天空使用彩色铅笔着色，避免马克笔笔触过多可能造成的画面杂乱，天空的明亮色调和简洁、含蓄的处理手法有效地衬托了主体景物，形成明快的层次对比效果。马克笔着色的远景树木色彩过于艳丽，用彩色铅笔进行局部修改，调整后颜色纯度和明度降低，强化了空间的景深层次。

图4-35　结合彩铅进行细部深化

三、表现技法应用

首先，马克笔涂在墨线上容易晕染，应选择不易晕开的油性马克笔绘图，尽量不要在画完墨线后立刻着色，最好等底稿线条彻底干透后再使用马克笔画图。有的绘图者用硫酸纸画图，在墨线底稿的背面着色可以避免晕染。用这种方法还能使鲜艳的马克笔色彩降低饱和度，画面颜色柔和协调。

其次，马克笔不具有较强的覆盖性，淡色无法覆盖深色。所以，在给效果图上色的过程中，应先上浅色而后覆盖较深重的颜色。要注意色彩之间的相互协调，应以中性色调为主，避免使用大面积鲜艳颜色而造成画面色彩关系难以协调。有些马克笔色彩之间的相互重叠会产生较脏的颜色，如补色重叠，应注意回避一些特殊的色彩叠加。对于已经不好修改的个别画错处，可运用计算机软件进行后期处理，以达到令人满意的色彩效果。

用马克笔绘制设计表现图既有优点也有局限性。单纯使用马克笔表现的设计手绘图，往往偏重景观硬件结构关系的设计意图表达，而不强调以丰富的色彩关系传达画面的景观意境。因为马克笔手绘技法很难体现丰富细腻的画面层次和设计细节，在具体绘图时常与彩铅、水彩等工具结合使用，画面会出现较丰满的效果。马克笔与水彩技法结

合时，可运用水彩进行大面积的背景着色，因为水彩的颜料特性是色彩之间衔接自然，可以为画面营造细腻丰富的层次感；再用马克笔干脆、利落的笔触特性，加强重点部位的对比处理。马克笔的灰色系列在手绘图中的作用更大，可以对水彩技法表现图中颜色过艳的部位进行调整。

下面几幅手绘图同为马克笔技法表现样式，由于绘图方法不同，画面呈现出截然不同的风格特点，见图4-36~图4-39。

图4-36画面底稿采用笔尖较粗的墨线笔完成，并在树冠等背光部位涂以墨线阴影，画面中纯度较高的红、绿、蓝等颜色由于墨线较粗得以调和，明暗、色彩对比强烈，体现出浓郁的画面风格。

图4-36　浓郁的画面风格

图4-37中近景树木明暗对比强烈，笔触清晰生动，远处树木明暗对比较弱且笔触平淡，天空及远景建筑概括处理，较好地表现出场景的空间进深感。笔触表现技巧娴熟，能够体现景物形体特征。采用较细的墨线笔勾画底稿，更加凸显马克笔笔触的表现力，画面效果明朗、帅气。

图4-38的线描底稿简洁并富有装饰性，在对画面中心的重点部位进行深入刻画的基础上，大量留白的画面依然完整。简洁概括的模式化表现方法易于掌握，是一种快速表达设计的手绘形式。

图4-39表现风格细腻，刻画深入，景物形体结构、材料质感和颜色表达清晰，真

实、生动地体现出景观设计情况，便于观图者理解。画面色彩对比层次丰富，色调雅致，天空和近景路面的留白处理，使整体画面对比明快，并突出了中景区域的画面重点。近处景物及人物造型生动，烘托出生动、自然的园林生活场景。

图4-37　明朗、帅气的画面效果

图4-38　简洁概括的模式化表现

图4-39　风格细腻的表现

第五节　水彩表现技法

水彩技法是园林景观设计中另一种非常重要的手绘表现形式。由于其表现题材广泛，所绘画面层次丰富，意境传达准确，在国外的手绘表现领域中应用较广。但水彩表现技法具有一定的难度，若要掌握需要较好的绘画功底，而且水彩的绘画过程相对复杂，所用时间相比彩铅、马克笔等手绘技法要长，很多人不愿在实际设计工作中运用此技法。加之我国近年来城市建设突飞猛进，设计过程周期大多很短，这种节奏较慢的画法不太适合实际工作要求。因此，国内的设计师和绘图人员较少采用此种传统水彩画法来辅助设计工作，取而代之以经过提炼的快速水彩表现形式，来解决设计周期较短的实际难题。这种快速表现的水彩技法既有传统水彩画的特色效果，也具备独特的技法特征。

一、工具及技法简介

（一）水彩画法的工具

进行水彩技法表现时，所用毛笔有很多质感和粗细不同的笔头，较常用的有“大白云”“中白云”“小白云”“叶筋”“小红毛”和小号板刷等，绘图者可根据个人绘画习惯和图面大小挑选合适的笔头质感和大小型号。

水彩颜料的品牌很多，进口的英国水彩颜料品质较好，但价格不菲。一些国产的水彩品牌（如马力牌）质量也不错，可以进行尝试、比较后选择适合自己的一款品牌。

（二）技法简介

1. 干、湿画法结合

水彩画法主要分为湿画和干画两种方法。水彩的快速表现技法强调虚、实画法的结合，近景物体可适当配合较“实”的干画法，远景及大面积底色则大多采用“虚”的湿画法处理，营造出场景自然、真实的纵深效果。

（1）湿画法的主要特征之一是颜料本身在适量水分的配合下，呈现出各种融合和扩散的效果，技法的关键在于水分的掌控。在底色未干时涂以其他颜色，颜色会根据水分的多少产生不同程度的扩散，根据具体需要掌握好水分的含量，就可以控制色彩的扩散大小。通常情况下，水分越充足，颜色添加后扩散面积越大，越能体现出色彩自然混合到一起的画面效果。

（2）干画法是在底色完全干了以后再薄薄地画上其他颜色，笔触叠加的位置淡淡地透出底色，呈现出水彩的透明特性，这种画法也被称为水彩表现的“实”画法。如果后叠加的颜色水分含量过多，颜色干后边缘会留下明显的水痕，巧妙运用会使画面效果自然生动。

2. 线描底稿

水彩的快速表现技法的黑白底稿可采用绘图笔线描的形式。着色时，画面中远景和次要部位可以不必细致描绘，既节省了绘图时间，景物形体结构关系又依然能够表达准确，手绘画面翔实反映设计意图，而非水彩绘画中所追求表现的虚实相生的画面意境。此外，透明、轻快的表现风格是水彩画法的主要特征，因此，线描底稿的画风应简洁轻松。

二、绘图步骤

传统的水彩绘画步骤是：着色由浅入深、从整体到局部逐步深入。首先用铅笔画出底稿；接着以湿画法为主，画出大面积区域的色彩基调，确定画面色调和明度层次，较暗部位的颜色不必一步到位画得过深，然后逐步深入刻画，采用干、湿结合的绘画方法，进一步明确各部位的色彩、明暗对比关系；最后对画面重点进行深入刻画，并调整画面色彩对比和明暗关系，此步骤以干画法为主。直接在铅笔底稿上着色的传统水彩画法，能够表现虚实结合的技法特点，画面效果生动自然，但要细致准确地塑造景物形体需要深入刻画，见图4-40。

图4-40　传统水彩画法

在实际设计工作中，为了更清晰地展现设计内容，同时也为提高绘图效率，着色表现时不必过于追求水彩绘画中的色彩细腻变化，用概括简练的色彩关系明确表达景观内容和环境气氛即可。不同的绘图人员通常有各自习惯的、便捷的绘图技法与过程，见图4-41和图4-42。

图4-41　用绘图笔描线、画面适当留白的经过提炼的快速水彩表现形式

图4-42　主要景物形体塑造准确，画面层次简洁明快，清晰地表明设计意图

较常用的水彩技法步骤是：

（一）透视框架

首先用铅笔勾出透视框架。

（二）线描底稿

用墨线笔完善线描底稿，见图4-43。

图4-43　线描底稿

（三）着色

着色时尽量不要反复覆盖，因此对于整体画面的色彩关系和明暗层次应事先规划合理，在此基础上可以由远至近局部完成着色工作。无论远景还是近处物体，首先还是以湿画法为主，湿画法的颜色尽量一步到位，然后用干画法进一步完成形体的塑造，同时加强画面层次对比，背景天空和部分位置可直接留白。这样的画法步骤可节省绘图时间，见图4-44~图4-48。

图4-44 着色步骤一

图4-45 着色步骤二

图4-46　着色步骤三

图4-47　着色步骤四

图4-48 完成图

三、表现技法应用

水彩技法表现图中易出现的弊病有“灰”“脏”“焦”等。要纠正这些常见的画面问题，应充分了解水彩颜料的特性，掌握颜色相互混合后的各种色彩效果以及水分含量多少对水彩技法表现的影响。此外，还要掌握色彩对比的规律，营造恰当的色相、明度和纯度关系。

（一）灰

有的画面因为色彩对比不够明确，给人造成“灰”的印象，画面显得沉闷而没有生气。色彩对比包括色相对比、明度对比和纯度对比，如果画面中色相过于统一，即缺乏色彩对比而单调，容易使画面产生“灰”的效果；而画面色彩明暗度缺乏明确的层次关系，即缺少明亮和沉重的色彩进行调节，也会使整体画面有“灰”的效果；纯度方面的对比关系，是由色彩的鲜艳程度决定的，如果画面中色彩缺乏明显的纯度差异，没有鲜亮的色彩点缀其中，同样会使画面显“灰”。由此可见，处理好色彩对比关系是解决画面“灰”的问题之根本。

（二）脏

纯净透明的色彩效果是水彩技法的主要特征，画面中如果手绘技法运用不当，出现了“脏”的色彩效果，就失去水彩表现的优势。产生“脏”的原因主要有：色彩调和不当，没有冷暖倾向；为加重色彩暗度而草率使用黑色，使画面色彩偏“脏”；反复修改擦洗错误颜色，遍数过多易导致色彩“脏”乱。若想避免水彩表现中的这一常见弊病，首先应谨慎使用补色颜料的等量调和或多种颜料相互混和，以免产生没有色相和冷暖感的“脏”颜色。其次，需要加重的部位可通过颜色混和得到理想的深颜色，避免直接使用黑色带来的污浊感。同时，绘图者作画时应心中有数，表现准确，避免反复擦洗或叠加颜色，否则容易使画面出现脏乱的痕迹和污浊感。

（三）焦

水与颜料的合理搭配是水彩表现技法需掌握的关键要领。水彩颜料通过与水的配合，可产生各种微妙的晕染效果和浑然天成的画面风格。颜料中加入不同含量的水分，可产生多种明度和纯度的层次变化，干、湿结合的画法更能体现清透明快且变化丰富的画面特征。有的画面忽视了水彩颜料这一基本特性，调配颜色时没有合理借助水的配合作用，颜色过干或过稠，使画面产生了“焦”的效果。此外，颜色搭配不当也会出现“焦”的弊病。因此，掌握不同颜色之间的混合特征并合理搭配水分，是避免画面“焦”的有效方法。

由于水彩的表现特征柔和清淡而且透明，若要完整地表现出画面层次较费时间，因此，在深入刻画细节及强化明度对比关系时，可以结合彩色铅笔辅助绘图，这样不仅能使画面明暗层次清晰肯定，还可以缩短手绘时间。

第六节 手绘与计算机辅助绘图相结合的表现技法

尽管用手绘的方式表现设计意图有众多优势，但也存在明显的局限性，如着色后的图纸无法进行修改，方案如需调整就要重新绘制效果图，费时费力。而运用手绘与计算机辅助绘图相结合的方法可方便快捷地修改方案，或针对同一个设计对象提供多套设计和相关图纸进行比较、评价。此种绘图方法近年来深受设计师和绘图人员欢迎。

一、工具及技法简介

（一）墨线笔+压感笔+数位板+计算机着色软件

用来绘制底稿的墨线笔型号有很多，可根据个人习惯及画面风格选用不同粗细的笔尖型号，或组合搭配使用。例如，可使用0.5mm型号的墨线笔勾画主要景物形体的外轮廓，再用0.3mm的进行大面积绘制，最后用0.1mm型号墨线笔刻画一些材料底纹或精细处。不同品牌的墨线笔质量略有差异，绘图者可根据使用经验选择适合自己的品牌。

使用计算机软件进行效果图着色时需要借助压感笔和数位板，即用压感笔在数位板上绘图，所绘制的每一笔图形都将同步被传送到着色软件中，并显示在电脑屏幕上。计算机着色软件有Photoshop、Painter等等，绘制景观效果图较常用的是Photoshop软件。压感笔和数位板的品牌与价位各有不同，其质量也会略有差异。但决定最终着色质量优劣的关键要素还是绘图者的绘画能力和应用软件的技巧。

（二）技法简介

要熟练掌握这种运用压感笔的绘图技法，一方面需要具备基本的绘画能力，娴熟的马克笔、水彩等手绘图技巧都会对Photoshop软件着色有很大帮助；另一方面，要熟悉Photoshop软件应用技术；此外，还要掌握压感笔的使用方法和技巧。

二、绘图步骤

（一）搭建透视模型

如果是较复杂的场景透视图，建议首先用AutoCAD软件搭建基本的透视框架，为了节省制图时间可以省略细节。完成后调整合适的角度打印出来。

（二）绘制墨线图底稿

用铅笔将打印出的透视框架图拓图到拷贝纸或硫酸纸上，详细布局画面内容；然后用墨线笔进一步深入绘制；将完成的墨线图底稿扫描到Photoshop软件程序中备用，见图4-49。

（三）借助Photoshop软件进行着色

在Photoshop软件程序中将之前扫描备用的墨线图底稿打开，首先将墨线图分为独立的“层”，而之后的着色部分将在另设的“着色层”中进行，两个“层”互不干扰，即在“着色层”中的任意着色和涂改都不会破坏墨线层中的原始墨线图底稿。着色时，根据画面具体内容可选择先从重点景物着色或整体景物同步着色的方法，而采用后一种方法更有利于把握画面整体色调。图4-49~图4-54是从重点景物开始进行着色的具体步骤。

（四）整体调整

根据完成效果图着色的具体情况，将着色图层中的整体色调进行调整。然后在墨线图层中调整墨线粗细以及深浅，直至达到满意效果。

（五）效果图完成并打印

将调整好的墨线图层和着色涂层合并，进行整体色调调整后保存为TIF或JPG格式，打印出图。

图4-49　借助Photoshop软件进行着色步骤一

图4-50 借助Photoshop软件进行着色步骤二

图4-51 借助Photoshop软件进行着色步骤三

图4-52　借助Photoshop软件进行着色步骤四

图4-53　借助Photoshop软件进行着色步骤五

图4-54 借助Photoshop软件进行着色步骤六

三、表现技法应用

首先应明确的是着色软件的基本命令是固定不变的，但表现技法确是灵活多样的，对相关软件命令的熟练掌握与灵活运用是绘制优秀效果图的关键因素。

着色时，可根据绘制对象的材质选择不同种类的笔型，如刻画岩石、近景树叶等适合选择自由型笔型，该笔型能够绘制出多种笔触，生动自然，便于体现丰富的肌理效果；而刻画玻璃和远景树叶等适合选择圆滑笔型，笔触之间色彩过渡自然，便于表现光滑的材料质感，也能够体现远处景物含蓄、深远的空间感。

通过软件命令还可以设定相同笔型的不同线宽，线宽越细则线型越实，可用来刻画主要景物的细部。而线宽越粗，线的边界越模糊。此外，绘制大面积同种色彩或一些区域的底色时，可点取“选择区域”，然后用喷笔着色的方法，可以使大面积色彩过渡更加自然。

第五章

手绘图的配景表现

配景是园林景观设计手绘图中的重要组成部分，其丰富的内容和形式不但可以调节手绘画面的构图，还是营造场景气氛的有效道具。手绘表现中的配景内容大多是生活中常见的景物，如树木、花草、人物以及各种交通工具等，通过合理的布局和搭配，可营造丰富的空间层次和节奏关系。配景表现的目的是配合整体方案的设计效果，因此在实际绘图时，不应过分突出和强调。此外，配景元素要与画面中表现的场景内容、季节相吻合，整体画面才真实耐看。图5-1主体景物表现不够充分，配景树木分布零散，缺乏疏密层次对比。图5-2画面构图稳定，景物描绘虚实恰当，但近景人物位置过于居中，分散视线对主体景物的注意力。

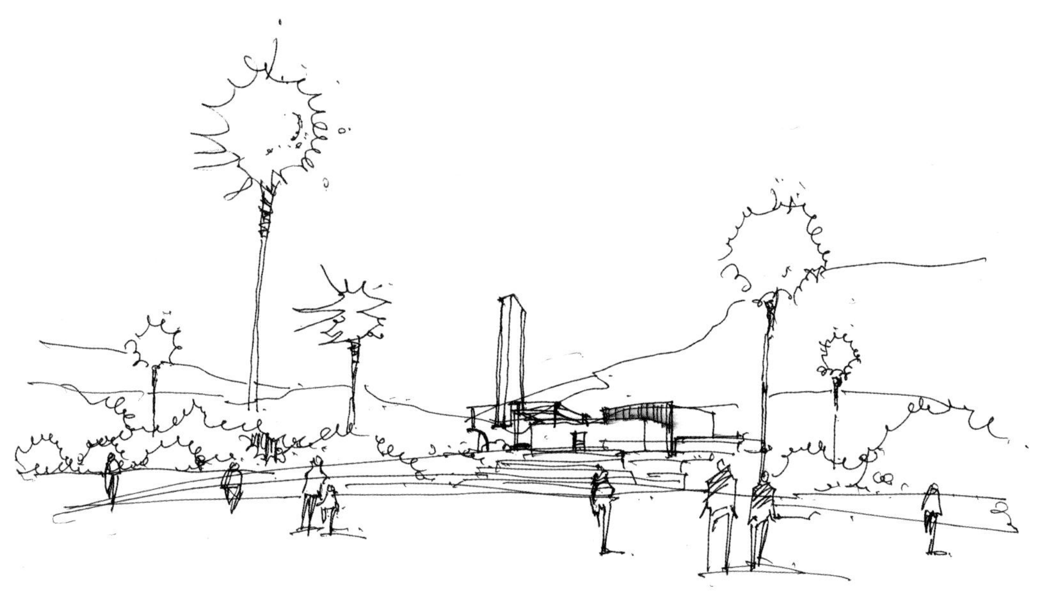

图5-1　主体景物表现不够充分

图5-2　景物描绘虚实恰当

手绘图中的配景物体画法有一定的模式，常见的配景画法有写实画法与装饰画法两大类。写实画法的特点是真实地表现出景物的形象特征，使画面中的景观场景真实可信。装饰画法的特点是，将配景中的人或物进行概括与夸张的处理，用抽象、简洁的造型烘托景观环境的整体气氛。选择写实画法还是装饰画法要根据画面整体表现风格来确定，细致的线描底稿通常选择写实的配景画法，而装饰画法的配景适合烘托概括简洁的景观设计手绘形式。

第一节　人　　物

人物的表现在园林景观设计手绘图中发挥着非常重要的作用，我们不但能通过场景中人物的高矮把握真实的景观空间尺度，还能通过比例正确的人物之远近布局强调空间进深感。恰当的人物动态能够体现景观性质，活跃画面气氛，使场景表现更加真实生动。

一、人物造型表现

（一）人物形体的表现

不同性别与年龄的人物形体特征有所差别，在手绘图中应用概括的画法明确体现

出来。男性身材比女性高大，肩部较宽，肌肉发达；女性肩部较窄，腰细臀大，颈部较长，整体身形苗条圆润。成年人通常身高为7个头高左右，手绘图中，为使人物身材修长美观，多将人的身高比例画成8~10倍头高；儿童较成人的身材比例是头部略大，肩膀较窄，而且年龄越小该特征越明显。婴幼儿阶段的身材特征是头大脸圆，脖子很短，腰、腹部较粗圆。随着年龄的增长，头部比例逐渐变小，颈、腰和面部因身体发育而变长，肩部也随年龄的增长而逐渐加宽。手绘时准确把握人的形体比例特征，可以轻松表现不同年龄阶段的人物形象，为画面增添真实的生活气息。

（二）人物动势的表现

手绘画面中的人物动势首先应符合景观环境的具体功能，与实际场景配合自然。画面中人物的朝向和动势应突出景观重点，并能调整构图的不足；结合实际场景氛围的表达需求，合理安排人的站、坐、走及其他常见动作，避免同一张图面中的人物姿态单一、僵硬呆板。

在手绘表现人物动势的过程中，绘图者应注意观察、体现人物颈部、腰部等主要关节的姿态，这些部位的动作将引起身体其他相关部位的动势变化。

（三）人物着装的表现

不同动态、着装的人物造型可以烘托不同的景观环境功能和气氛，配景人物的衣着应根据景观的主题内容进行合理配置，并与画面表现的季节相符合。

（四）人物的分布与组合

首先，人物的分布与组合要满足构图的需要，通常情况下，配景人物易于安排在画面中比较空洞的位置，不要遮挡景观主体。其次，画面中人物分布应有聚有散，注意疏密搭配。通常情况下，可以两人一组为主，与单人灵活搭配，根据构图需要分布于画面的不同景深处，表现景观环境生动自然的效果。人物分布过于集中会遮挡景观主体，过于分散又会显得画面零散而缺乏节奏感。同一画面上人物的多少，取决于画面构图和景观场景的具体功能。如果是幽静典雅的园林景观，其配景人物只要两三个就可以，其动势应以安静的姿态为主；而以休闲、娱乐为主的景观环境，配景人物可适当增加，多以家庭为单位，表现出姿态各异的游戏情节和轻松愉快的环境氛围。

二、人物手绘技法

（一）装饰画法与写实画法

手绘人物的画法大致分为两种：一种是概括的装饰画法，适合表现在技法简洁、帅气的快速手绘图上，见图5-3；另一种手绘人物画法相对写实，与细致的画面表现风格比较匹配，见图5-4。以上两种画法都需要对人物造型进行概括、归纳的处理，省略不必要的细节，否则，作为配景的人物会在画面中喧宾夺主。

图5-3 概括的装饰画法：人物比例夸张，装饰感较强

图5-4 写实的人物画法，与细致的画面表现风格比较匹配

（二）人物形体的透视比例

手绘图中人物形体的透视比例是否正确，将直接影响观图者对实际景观场景尺度的判断，人物比例过小，会夸大景观尺度，因而产生环境失真的画面效果，见图2-24；反之，若景观中人物比例过大，整体环境会显得很矮小，失去应有的体量感，见图2-23。

此外，在实际绘图时，由于透视关系会导致近景人物过大，因此不宜画全，通常近景人物造型采取简洁、概括的表现方法，有时甚至只画出剪影造型。颜色、明暗对比也不能过强，朝向和动势应呼应景观中心位置，以免分散画面凝聚力。中景和远景人物较小，适合表现完整的动态造型，颜色及明暗对比也可以适当加强，以体现生动活泼的画面气氛。

实际工作中，娴熟的人物手绘表现技法可以为画面效果增色，同时也需要绘图者具备扎实的绘画功底。缺乏手绘经验的专业人员可借助一些相关的参考资料。具体方法是：平时多收集不同景观内容情节中的人物照片，选取各种动态、组合形式、不同服饰等进行分类，作为手绘表现人物的素材。实际绘图时，参照资料照片描绘出人物动态，也可将服装等细节进行更改，以便更加适应画面需求。

第二节　植　　物

植物是园林景观中的重要构成元素，也是手绘表现图中的主要配景内容。画面上对于自然形态部分的体现主要是靠植物配景来实现的，所以植物的表现在园林景观设计手绘图中将发挥举足轻重的作用。

自然界的植物千姿百态，大致可分为乔木、灌木及草本三类，各种植物都有各自的形态和特点。园林景观设计手绘图中，植物所占比重很大，扮演的角色也非常重要，恰当的植物品种、形态和比例尺度可以营造和谐的景观氛围，在手绘表现中应根据实际情况有选择地使用。

一、树

在园林景观手绘图的配景中，树是最重要的组成部分，也是手绘图中最常见的配景。其所占面积较大，对画面效果起到至关重要的作用。树木的高低错落、相互掩映，可调节场景气氛，带来生动自然的效果。不同种类的树可与特定景观环境相协调，树木之间的组合搭配还能体现出不同的景观设计理念与风格。设计手绘图中树的画法多种多样，但都不需要过于具象的描绘，重要的是体现出树的形态特征。要掌握树的手绘技巧，必须仔细观察不同种类树的生长规律和形态特征。

（一）树的手绘方法

画树的方法主要分为两种。

1. 明暗画法

强调以光影来表现树的形态与体积感的画法，可称为明暗画法，见图4-2。

2. 线描画法

运用线的组合造型来表现树的特征、神韵的画法，类似于中国画的线描形式，称为线描画法，见图5-5。

图5-5　线描画法

自然界中树木的明暗关系比简单的几何形体要丰富得多，但在设计手绘图中不宜表现过于复杂的明暗变化，否则会在表达整体设计意图时喧宾夺主，同时也浪费绘图时间。

（二）树的手绘表现形式

实际设计过程中，配景树在平面图和透视图中有不同的表现形式。

1. 平面图中树的表现

在园林景观设计的平面布局中，树木的配置是设计师应着重考虑的问题之一。平面图中不同种类树木的表现形式往往固定为几种模式，多采用装饰性的绘画方法表现不同树种的主要形状特征。例如，灌木丛一般采用大小变化的自由曲线外形；乔木的外形轮廓多采用圆形，内部构造线根据树种特色进行模式化绘制；表现针叶树的线条多采用从圆心向外辐射，见图5-6。

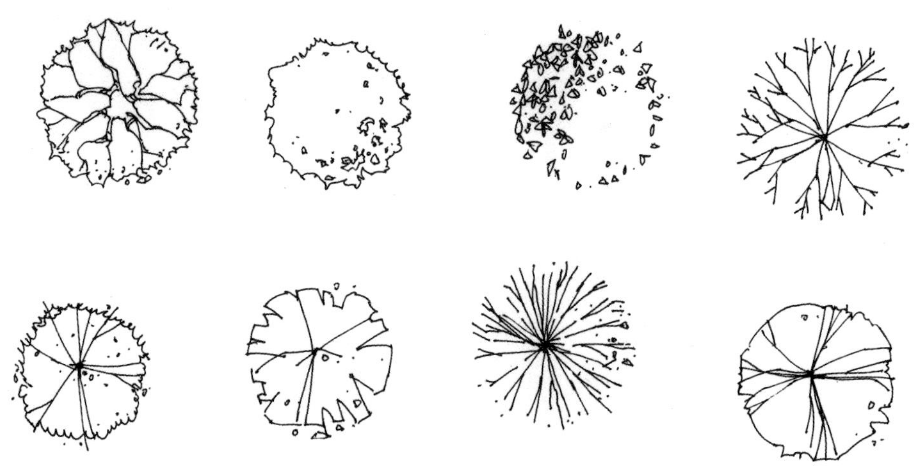

图5-6　平面图中树的表现形式

2. 透视图中树的表现

尽管自然界中树的类别和形态多种多样，但透视图中树的绘制方法仍然是模式化的，以概括表现出其典型特征为基准。初学者可将树分解成树干和树冠两部分，然后分别进行画法分析，找出手绘表现的简便途径。

（1）这里所说的树干包括树的主干和分枝，其整体组织关系构成了树的形态框架，见图5-7。只有了解了树的生长特点，在手绘图中才能合理、生动地表现其结构形态。

实际画树时通常先从主干画起，要注意长短粗细的比例关系以及树干与树冠的尺度是否协调，如果搭配不适就会出现“畸形”树的不美观造型。主干通常从树根向上越来越细，整体比例要匀称协调。与主干相连的是枝干，枝干沿着主干垂直方向相对或交错出杈，出杈的方向有向上、平伸、下挂和倒垂几种。通常枝干有两、三根就可以了，其生长结构的主要特征是下粗上细，见图5-8。枝干由下往上逐渐分杈，愈向上出杈愈多且树叶繁茂，与分支相比，上一级的主枝明显要粗一些。表现树枝形态的关键在于正确反映树的生长规律和结构，前后上下错落有致，与树叶的穿插、遮挡要真实自然，生动表现出彼此的生长关系和树的整体态势。

图5-7 树干一　　**图5-8 树干二**

（2）若要恰当地表现树的造型，画好树冠同样是非常重要的。树冠在景观手绘画面中所占面积很大，其手绘质量的优劣将直接影响整体画面的表现效果。不同种类的树有各自独特的树冠造型，绘制时须抓住其主要形态特征，透过复杂的树冠造型概括其表现规律。

树冠通常有一定的手绘模式：首先根据树冠的整体轮廓特征可将其归纳为简单的几何形体或几何形体的组合，如各种球形、半球形、圆锥形和其他组合形等；然后应明确树冠的受光方向，这有助于在手绘图中表现其体积感，见图5-9。

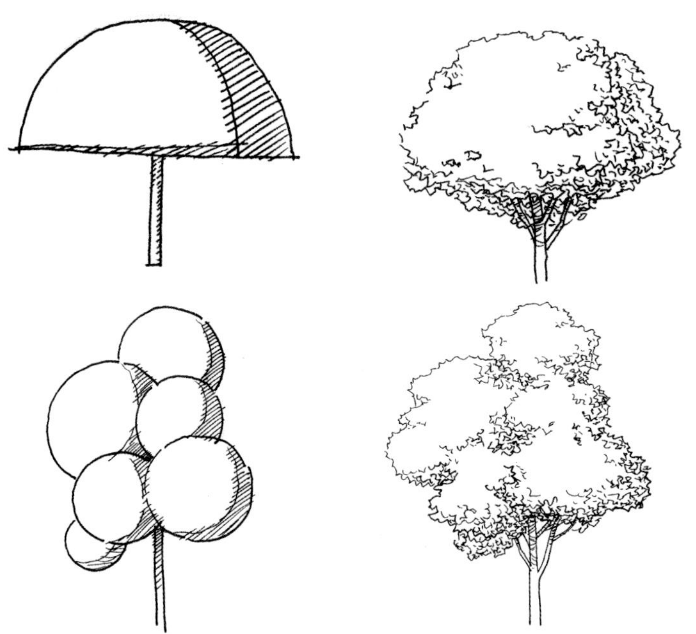

图5-9 将树冠概括归纳为简单的几何形体，概括表现明暗对比关系

此外，自然生动的轮廓表现也是画好树冠的关键点，因为自然界中树的轮廓曲折丰富、变化多样，因此，模式化的表现虽然能够提供便捷的手绘方法，但应避免单调、呆板的刻画。为了更好地体现树冠的体积感，对叶面的形状和层次效果的把握也很重要，尤其是画面近景和中景的树叶，应把它们的外形特征表现出来，使画面更加生动自然。

在手绘图中要表现不同种类树的多样姿态，虽然不必对所有树种都细致入微地掌握，但必须对自然界中代表性树的生长规律和形态特征进行深入观察和理解，在概括的模式化表现之前提下，表达树种的多样性及丰富变化。手绘表现树木时，还应注意结构的疏密和形体的呼应关系，绘制线条要讲究美感，简洁概括地表现出自然形态的节奏和韵律，见图5-10。

图5-10 手绘图中常见的立面树

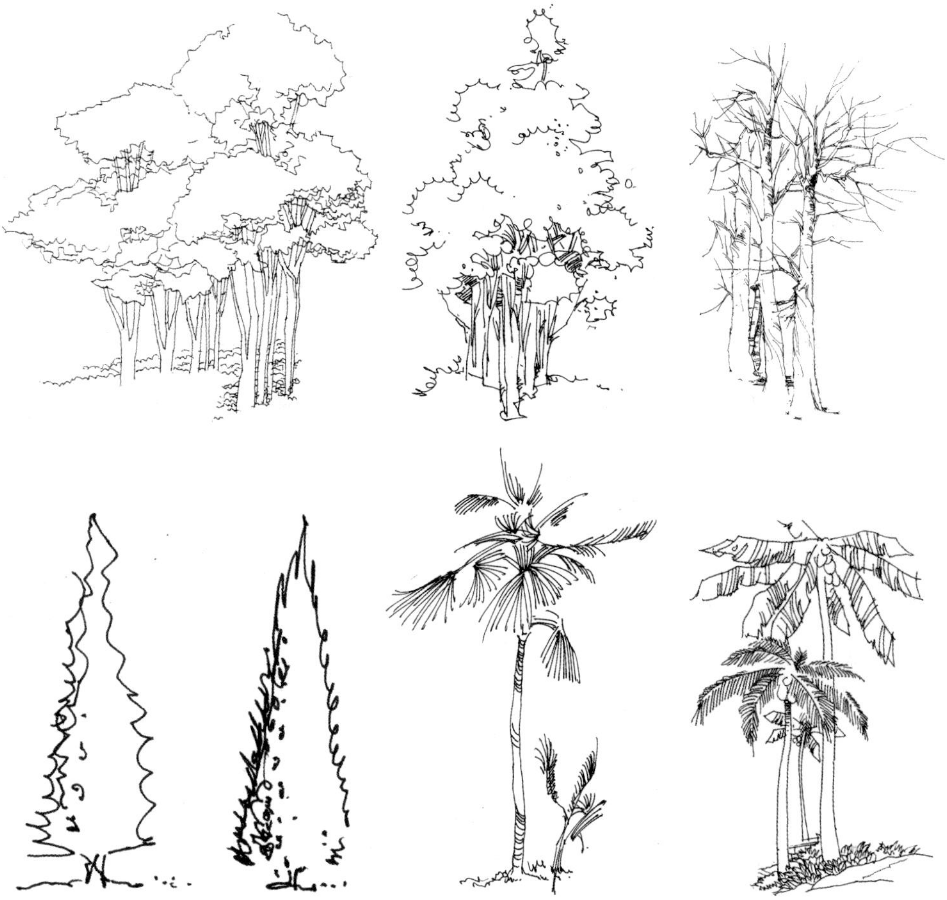

图5-10　手绘图中常见的立面树（续）

3. 不同景深树的表现形式

在手绘图中，树木的合理布局和技法表现，能够体现画面的空间感和层次感。透视图中的树木根据景深的远近大致可分为远景、中景和近景三种表现形式。

（1）远景的树木往往位于主体景观构筑物的后面，形体结构和明暗变化应简洁概括，主要起到调结构图、烘托主体景物和画面空间感的作用。色调和明暗大多与主体构筑物形成对比关系，以便更好地突出画面重点。远景树不强调立体感的表现，与地平线交接处虚化处理，以表现深远的空间感。

（2）中景部位是画面表达的主体，树木应表现得相对完整翔实，体现出不同树种的形态特征。中景的树木可布置在画面主体景物的两侧或前面，既不能遮挡主体景物的重点部位又不能影响主题内容的完整表达。

（3）近景树由于透视的关系所占面积很大，如果完整地表现会遮挡中景的主体景物，因此，近景树一般不画全貌，只表现树干和少量的枝叶等局部，起到调节构图和丰富画面层次的作用。在不对主体景物造成干扰的前题下，近景树的描绘要细致具体，如树干的表皮纹理、树叶的形状特色等。

二、草丛与花丛

景观手绘画面中的草丛或花丛通常出现在近景处，与近景树木一样起到调整构图、修饰画面的作用。由于草丛与花丛的高度处在树木和草地之间，因此可以使画面的空间层次更加丰满。构成草丛和花丛的品种内容多种多样，手绘图中应表现出各个种类的叶与花形的特点。由于处在画面近景，绘图者需要较细致地进行刻画，用线条组织好叶子、花朵之间的相互穿插与层次关系，见图5-11。

图5-11　草丛与花丛

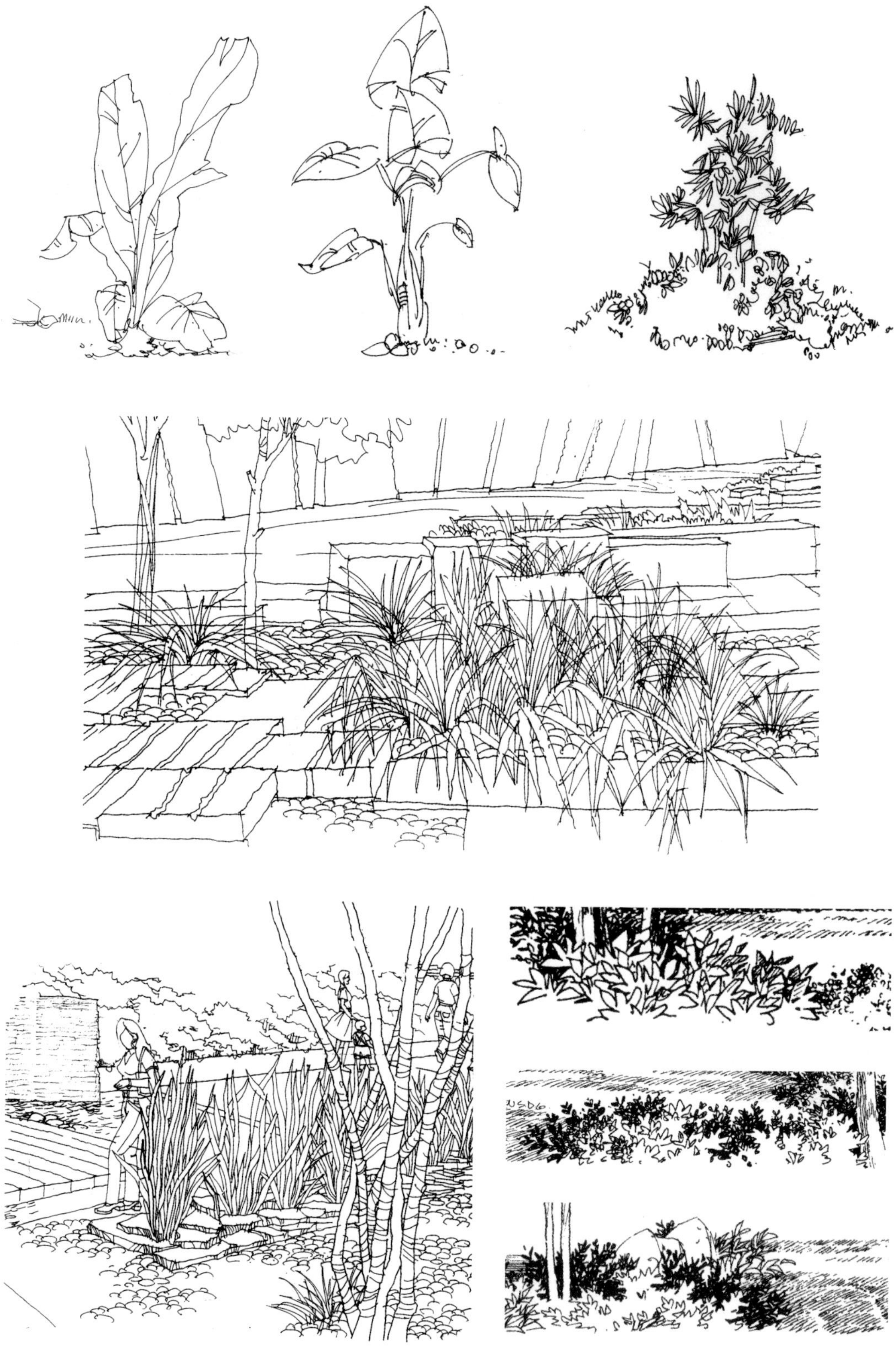

图5-11　草丛与花丛（续）

（一）草地

草地在园林景观设计手绘图中也是不能忽视的主要构成元素，它看似简单，却有其独特的表现形式。比较典型的草地画法是，将较短的细线进行有秩序的排列组合，为避免单调呆板的画面形象，可通过线段的长短、疏密变化营造空间远近层次和自然生动的效果。图5-12以线段的虚实变化塑造错落有致的草地效果，近景线段方向明确且略长，表现出草地的远近空间层次。

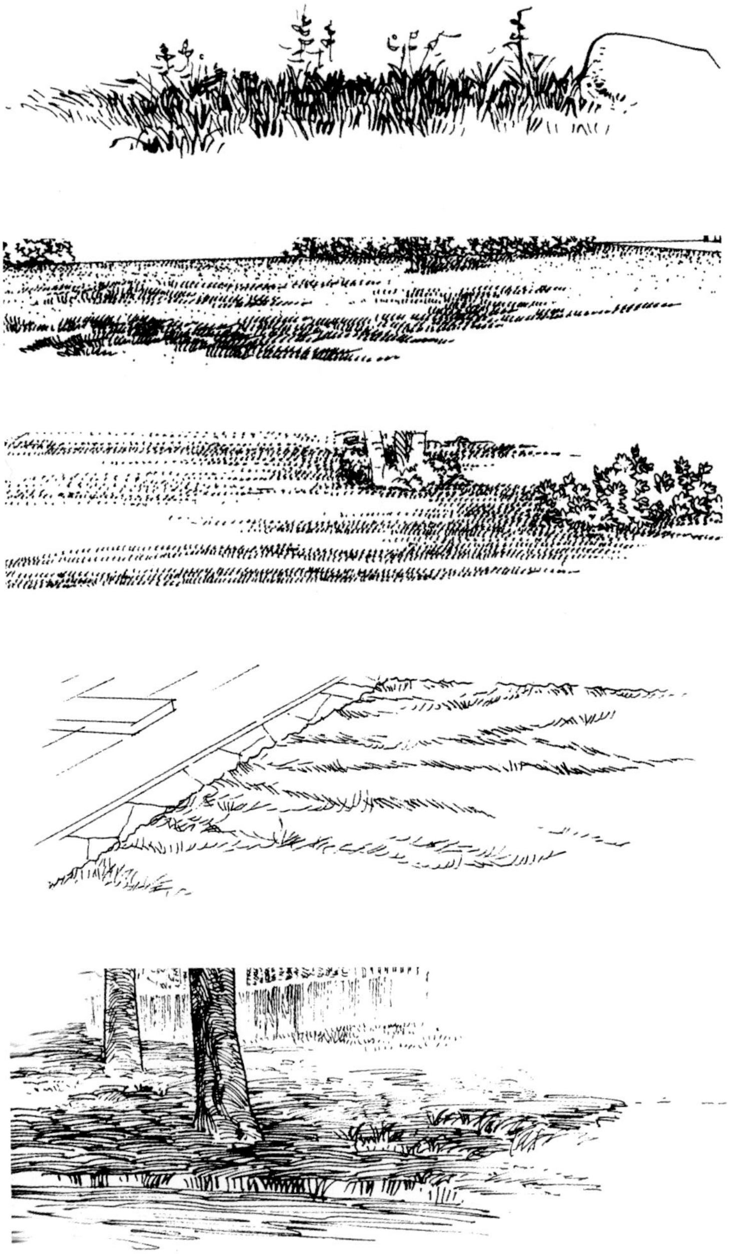

图5-12　草地

（二）绿篱

绿篱多为灌木，人工修剪的绿篱大多呈简单的几何形体，手绘表现时应注意体现其立体感。由于绿篱的密度较大，不适合作为近景使用，应安排在画面的中景和远景处，也可用来适当遮挡主体构筑物，其特有的高度和造型可起到点缀和丰富画面层次的作用。用钢笔绘制底稿时，受光面应大面留白，只画出少量缝隙，阴影部位可用模式化的线条画出叶形的大致特征进行填充。绿篱的外形轮廓不能画得过于平直，应体现植物生长的自然状态。由于绿篱下部的枝叶较少，绘图时要注意表现出自然的结构关系，见图5-13。

图5-13　绿篱

第三节　其 他 配 景

一、天空

（一）天空的手绘方法

由于天空处于画面的远景，通常情况下，不宜表现丰富的笔触和具象的云朵形体，以使天空更好地映衬前景并表现出场景深远的空间感。手绘图中天空面积较大时，应根据画面具体情况概括表现出云形，避免画面单调，见图5-14和图5-15。

图5-14　天空表示方法之一

图5-15　天空表示方法之二

在园林景观手绘图中，由于树木等主要配景色彩较暗，天空通常采用明亮的色调与前景形成对比。由于天空所占画面面积较大，不宜整体采用较饱和的蓝色，以免影响画面色调。为表现深远的空间感，应注意天空色彩的渐变关系。由于空气中含有水分和

尘埃，通常情况下，接近地面的天空色彩会略微偏暖，饱和度降低，与园林景观的远景色相对比含蓄，会形成深远的空间感。

（二）天空的手绘表现形式

天空的刻画应与画面整体手绘风格和构图有机结合，以便更好地烘托前景景物与整体画面氛围，见图5-16~图5-18。在园林景观快速手绘表现图中，天空常常直接留白，既陪衬、突出了中景的主体景物，又强化了画面的明暗层次对比，同时节省绘图时间。

图5-16 天空表现形式之一

图5-17 天空表现形式之二

图5-18　天空表现形式之三

二、水

在园林景观设计中，水景是重要的构成元素，也是设计手绘画面的重要表现内容。水在园林景观中常以河、湖、瀑布、喷泉、跌水、水池等形式出现，无论在实际场景还是手绘画面中，水与其他硬质景观构筑物形成的对比关系，都将对环境产生很好的调节作用。水本身没有形状和颜色，靠周围载体的限定可形成各种不同的样态，周边景物和天空的颜色倒映在水中，构成了水体的主要色调。

（一）水的手绘表现形式

在手绘图中，当水面很大时，水的表现形式不应过于平淡，通常采用灵活的笔触表现波纹的律动，避免画面单调呆板。水面会映衬出岸边景物的倒影，因此，合理地表现周围景观倒影是画好水面的关键。景物倒影的描绘不能过于精细，否则会喧宾夺主而影响画面所要表现的重点。绘制倒影时，也要考虑景物的透视关系和水面的远近空间感和虚实感，离水岸较近的景物可在倒影中概括地体现，距离岸边较远的景物可以不予表现，见图5-19~图5-21。通常情况下，水面因为大面积反射了天空的色彩而呈现蓝色，临近岸边的景物色彩较艳时，水中倒影的波纹会呈现这些景物的颜色。手绘时，应避免将大面积水面简单地涂以饱和的蓝色，这样易导致画面单调或整体色彩关系难以协调。

图5-19 水的手绘表现形式之一

图5-20 水的手绘表现形式之二

图5-21 水的手绘表现形式之三

（二）水的手绘方法

瀑布、喷泉、跌水的手绘表现形式较特殊，要注意观察现实环境中的各类水景，抓住其主要特征，并进行概括的手绘表现。瀑布、跌水和喷泉的水流方向不同，手绘线条应与其方向保持一致，并通过受光面的留白等手法体现出水流的体积感。具体方法是，在画面中预先留出水流的位置，再用同样方向的线条快速画出水流的背光部，注意线条的疏密与节奏关系。水落到底部时水花四溅，可参考类似的图片资料并将水花概括表现出来。手绘表现各种水景时，注意不要过分具象、复杂，应用简练概括的画法表现出水的轻盈流畅之自然形态，见图5-22~图5-25。

图5-22　水的手绘表现形式之四

图5-23　水的手绘表现形式之五

图5-24　水的手绘表现形式之六

图5-25 水的手绘表现形式之七

三、石

（一）石头的手绘表现形式

石头是园林景观设计时的常用配景元素，大小不一的石头可以随意摆放在路边、草地等恰当的景观位置，体量较大、形态考究的石头也可以作为局部区域的景观中心。画面中的石头通常需要精心地组织搭配，体现出生动的配景效果，见图5-26。石头的主要特征是刚劲坚硬，因此无论是造型椭圆的还是棱角分明的，手绘时都应体现出石头的主要特质，见图5-27。

图5-26 阶草缀湖石（大连大学刘波）

图5-27　石头的手绘表现

图5-27 石头的手绘表现（续）

（二）石头的手绘方法

石头的快速手绘表现有一定的模式，可以用概括的外形和简练的结构线条表现出明暗面和体积感，见图5-28。要想掌握便捷有效的表现石头的手绘技法，首先应注意观察自然界中不同大小、形状石头的典型外貌特征，同时可通过临摹学习优秀的手绘范例。

此外，园林景观的常见配景还有很多，如休闲座椅、庭院路灯、娱乐健身设施等。在设计手绘图中，若能合理地安排和表现这些配景元素，会给画面带来自然、真实的场景氛围。

图5-28 石头的手绘方法

第六章

园林景观设计过程中的手绘图分析

在园林景观设计过程中，无论设计理念、表现手段如何变换，都改变不了手绘图的根本目的——有效地传达设计意图。设计和手绘应当是互动的，不要静止地看待手绘，手绘的过程也是设计思考和判断的过程，专业设计人员通过手绘过程的思考而使设计不断深化。

设计之初可以通过手绘与委托方进行创意和基本功能布局的沟通。展开设计阶段，手绘形式不但是设计师的构思方案、与同行间交流的有效手段，还是与委托方有效沟通的桥梁。方案深化设计过程中，手绘在表现细部结构时会起到很好的辅助作用。

第一节　创意阶段的手绘草图

一、手绘草图的作用

在实际设计过程中，设计师经常要以草图的形式表现空间场景效果，我们这里所说的草图是指快速的场景表现形式。设计初始阶段，优秀的设计能力固然重要，但要将自己的设计意图通过简便有效的表达方式成功地传达给委托方，并使对方理解和接受该设计，就要求设计师不但应该有一定的设计水平，还要兼具良好的沟通和交流能力，这在激烈的设计市场竞争中更具有现实意义。如果设计师缺乏该方面的表达能力，即便是优秀的设计作品也会因为不被理解而遭遇被淘汰的命运。手绘草图不仅停留在静态的图纸层面，它是设计师与人交流、沟通的独特的图绘“语言”，良好的图绘“语言”沟通不但可使委托方了解并信任设计师的工作能力，设计人员也可通过此种交流方式帮助委托方理解设计思路，明确设计方向，同时了解委托方的真实需求，调整思路并提出相对应的解决问题的方案，使后续设计工作能够顺利进行。

二、手绘草图的表达内容

手绘草图在实际设计工作中有多种用途，应用性很强。平面规划与布局、立面形式、空间透视效果都可以通过草图的形式来表现。在草案阶段，设计师需要把创作思路和灵感用可视的图绘信息传达出来，不同用途草图的表达内容和形式有所区别。草图根据使用性可分为供设计师个人使用、与其他设计师之间交流使用、向委托方汇报和沟通设计意图三种类别。供个人使用的手绘草图不要求画面内容必须让其他人明白，只是记录设计过程中的思路和灵感片段，设计师可通过草图逐步推敲设计构思；而设计师之间交流使用的草图能满足相互之间看懂画面表达的内容即可；向委托方汇报和与之交流的草图应直观、准确地表明设计意图，同时通过草图的交流沟通了解对方的意见和需求。

因为是设计的初级阶段，手绘草图需要表达的主要内容是设计概念和构思方向，因此不必向委托方交代设计细部，这一阶段只是勾画出一个较为抽象的设计蓝图，与委托方交流彼此的意见，并明确下一阶段的工作思路。手绘草图时应省略不必要的细节表现，只强调重点需要展示的方面。绘图者应通过简练、概括、主题明确的表达，使看图者能够理解设计的主要思路。图6-1是将原始区位图复印数张，规划出不同的平面方

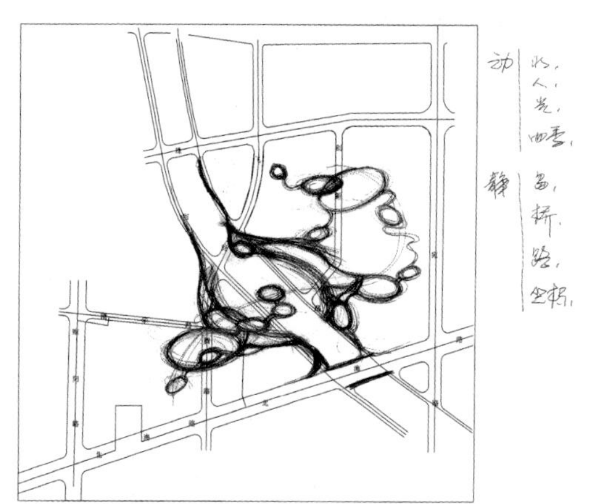

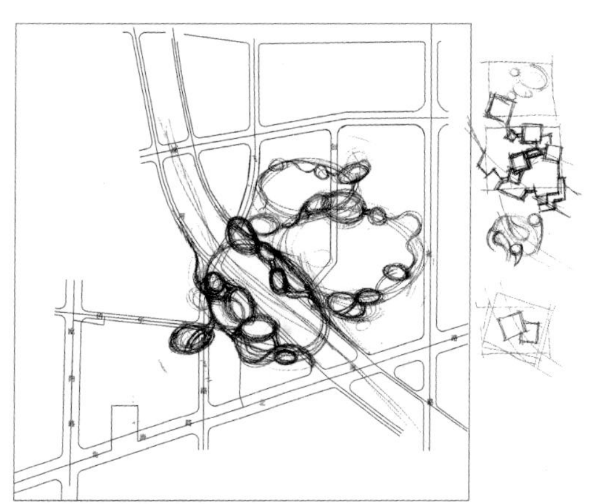

图6-1　手绘草图

案，然后进行比较分析。需要注意的是打印底图时最好遵照一定的比例，这样可以让人们在草图阶段也能相对准确地把握整体尺度。

三、手绘草图的表现特点

手绘草图不同于草稿，它具备独立的画面风格。手绘草图没有固定的画法样式，只要能够方便、快捷并准确地表达出设计意图就可以。因为处在设计的初级阶段，设计师与委托方需要确定大的设计方向和思路，快速草图表现的主要目的在于描述大体的设计内容和气氛，画面不必进行深入刻画，景物结构轮廓也不必十分明确，主张追求简洁、概括的画面效果，帅气潇洒的笔触和画面气质是体现设计师自信和能力的重要方面。手绘草图表现的手法非常多，以线描形式为主，铅笔和墨线笔都可以进行这种草图形式的表现，两种工具的表现技法呈现的画面效果各不相同，用墨线笔进行表现较为常用，画面效果也清晰明确。为了节省时间，草图往往不做着色处理，见图6-2。为了使委托方能够更清晰地了解设计意图，有时也用一至两种颜色进行较概括的画面处理，见图6-3。

尽管手绘草图看似轻松易画，设计师如果没有较好的速写基本功，就不可能控制好画面的整体结构与空间关系，更不能完整地表达自己的设计理念。

图6-2　不做着色处理的草图

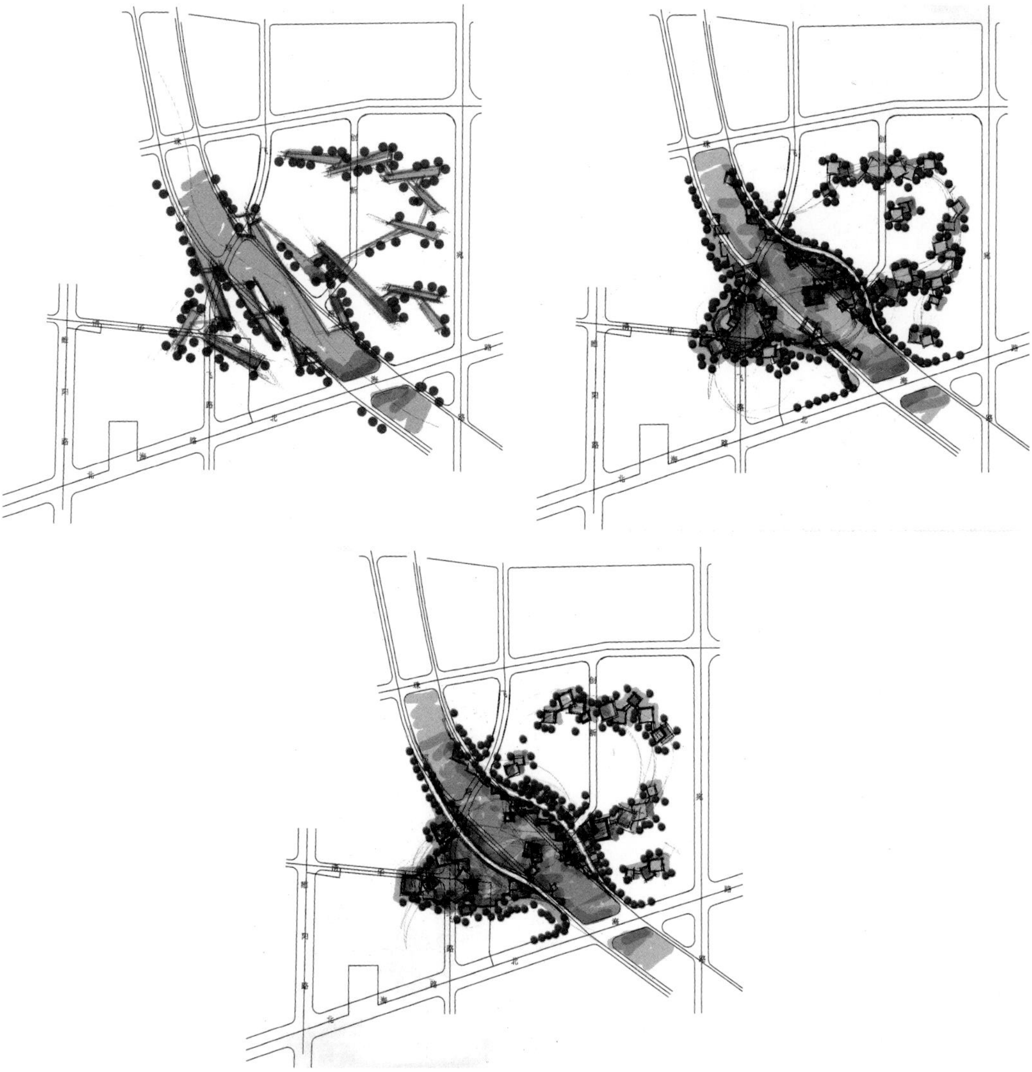

图6-3　在草图上简单地涂以颜色，可以使规划分区和设计重点一目了然

第二节　展开设计阶段和设计深化阶段的手绘图

一、展开设计阶段手绘图的作用

在实际设计过程中，该阶段的工作内容、设计含量相对复杂，为了能够让委托方全面具体地了解设计内容和工作进度，必须通过真实、形象的手绘图来传达相关设计信息。此外，表现技法纯熟的手绘图还能传达出画面中的景观意境，让观者感受到设计的独特创意。

该阶段的手绘图是设计师与委托方深入沟通的有效工具，任何有说服力的言语表达都不能代替形象的视觉呈现，语言的陈述说明无法明确限定具体的景观视觉形象，只有通过图绘“语言”才能把设计的景观蓝图展现在委托方面前，让对方清晰明确地把握设计的真实情况，以便给出准确的评判和指导意见。手绘图在该阶段的设计工作中具有很强的现实意义。

二、展开设计阶段手绘图的表达内容

展开设计阶段的手绘图表达内容应具体、翔实，不但要直观地反映设计现场情况，空间、尺度、结构、材料及色彩等方面的信息也应传达得较充分。该阶段的手绘图以平面和透视效果图为主要表现形式。设计人员不但要通过手绘图向委托方汇报和交流意见，手绘图也将在日后的施工过程中成为施工方的直观参考样板。因此，该阶段的设计手绘图要较详细地表现园林景观的设计内容，包括场所的基本布局，如场景中主要视线角度的空间设计情况、重点景观构筑物的造型特征、主要界面所用材料的搭配效果、色彩的具体应用以及在场景中的对比与协调关系等，见图6-4。

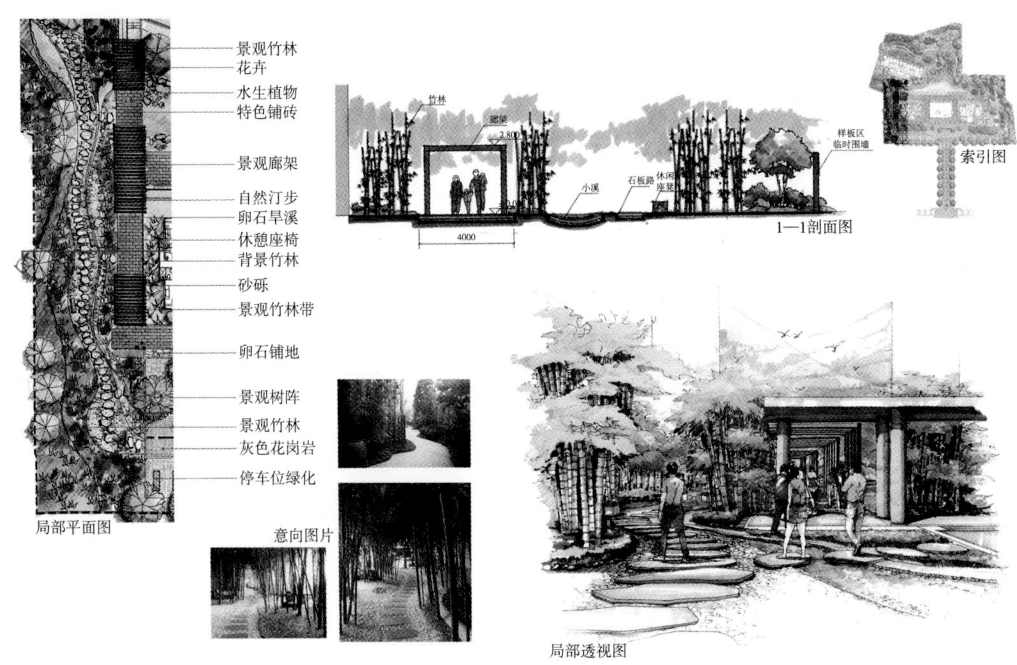

图6-4　展开设计阶段的手绘图

三、展开设计阶段手绘图的表现特点

手绘图毕竟是服务于设计的实用图，并非纯粹的绘画艺术作品。此阶段的手绘画

面更应该翔实、具体地反映设计内容，其表现形式不应一味追求个性或绘画艺术效果，如画面中主要景物结构和设计细节被虚化得几乎难以分辨。展开设计阶段的手绘图究竟应具备怎样的表现特点，一种观点认为只要手绘图的基本目的在于说明设计意图、表达设计内容与形式，手绘图就应当强调工程技术性，甚至被视为纯粹的技术性图纸；而另一种观点认为手绘图必须表现出较好的绘画水准，期望通过手绘画面的完美效果展现景观场景的独特意境，为设计增添魅力。无论持哪种观点，真实、可信的画面表现都是该阶段手绘图应当重点解决的问题。因此，展开设计阶段的手绘图相对于草案阶段要刻画得深入、具体，不能为了一些特殊目的而在图面上采用过度夸张造型、增减主体景物等手法，否则会弄巧成拙而使委托方质疑，或误导了委托方，造成设计图纸与施工完成结果前后矛盾，给后续工作带来不必要的麻烦。真实可信的设计表现主要体现在以下几个方面：

（1）场景内容较详实、明确。

（2）透视准确。

（3）比例尺度真实。

（4）色彩、光影与质感表达清晰。

只要这几个大的方面基本做到合理准确，一般情况下，其作品都能取得较为生动可信和易于理解、接受的效果。该阶段的设计表现图也可以是手绘与计算机辅助绘图相结合的形式，以充分表现景观设计特色和提高绘图效率为前提，尽量发挥手绘与计算机辅助绘图表现的各自优势，见图6-5。

图6-5　手绘与计算机辅助绘图相结合

四、设计深化阶段的手绘图

设计深化阶段的手绘图主要用来表现、推敲景物结构构造的设计细节。它一方面可用来与委托方交流沟通设计方案，另一方面可作为设计师深化、比较细部设计之用。该阶段的手绘图可以是平面图、立面图、透视图等表现形式，或是手绘的节点大样图，为后续阶段施工图的绘制和工程施工提供形象而具体的参考，保证景观设计与施工的完成质量，见图6-6~图6-12。

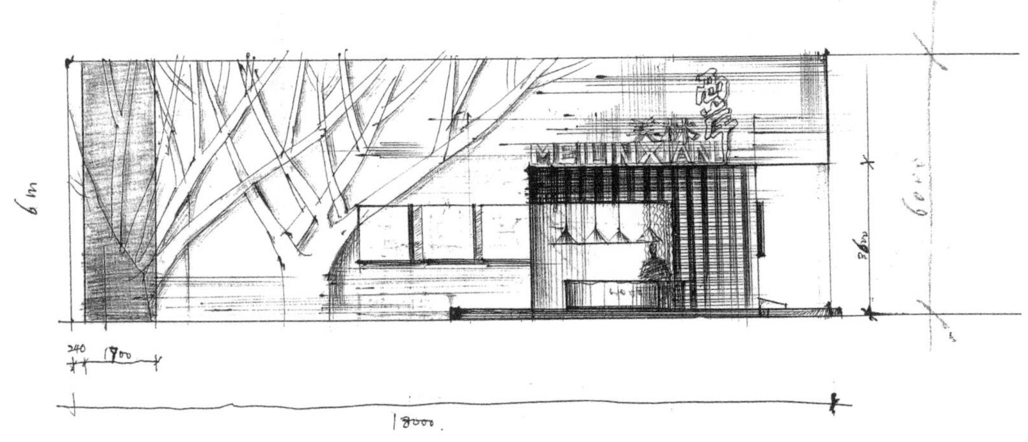

图6-6　立面图

图6-7　剖面图之一

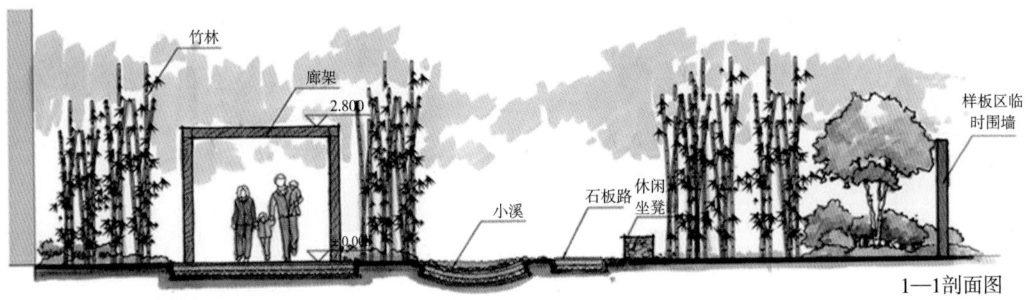

图6-8　剖面图之二

图6-9　剖面图之三

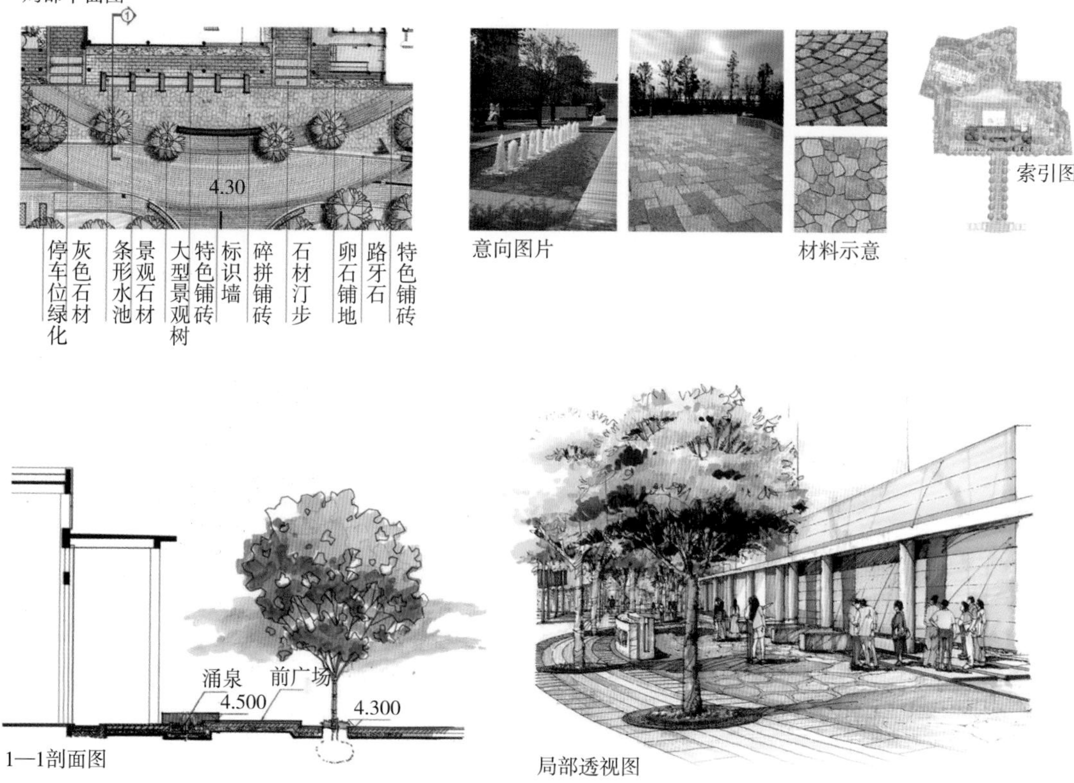

图6-10　局部图之一

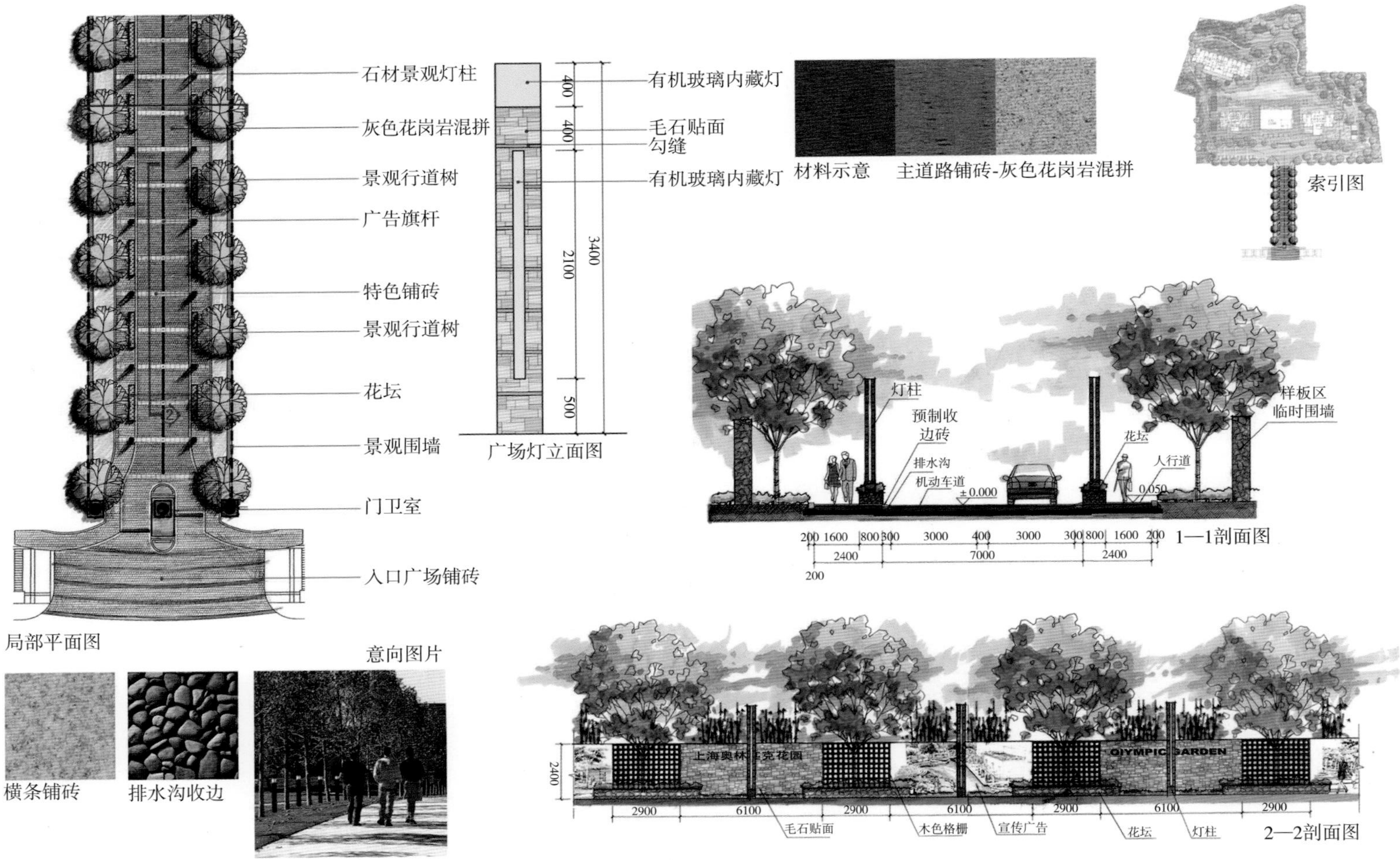

石材景观灯柱
灰色花岗岩混拼
景观行道树
广告旗杆
特色铺砖
景观行道树
花坛
景观围墙
门卫室
入口广场铺砖
局部平面图
横条铺砖
排水沟收边
意向图片
有机玻璃内藏灯
毛石贴面
勾缝
有机玻璃内藏灯
400
400
2100
500
3400
广场灯立面图
材料示意
主道路铺砖-灰色花岗岩混拼
索引图
灯柱
预制收
边砖
排水沟
机动车道
±0.000
花坛
人行道
0.050
样板区
临时围墙
200 1600 800 300 3000 400 3000 300 800 1600 200
2400 7000 2400
200
1—1剖面图
上海奥林匹克花园
OLYMPIC GARDEN
2400
2900 6100 2900 6100 2900 6100 2900
毛石贴面
木色格栅
宣传广告
花坛
灯柱
2—2剖面图

图6-11　局部图之二

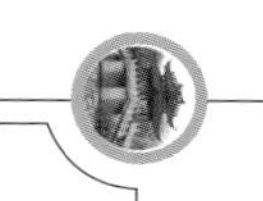

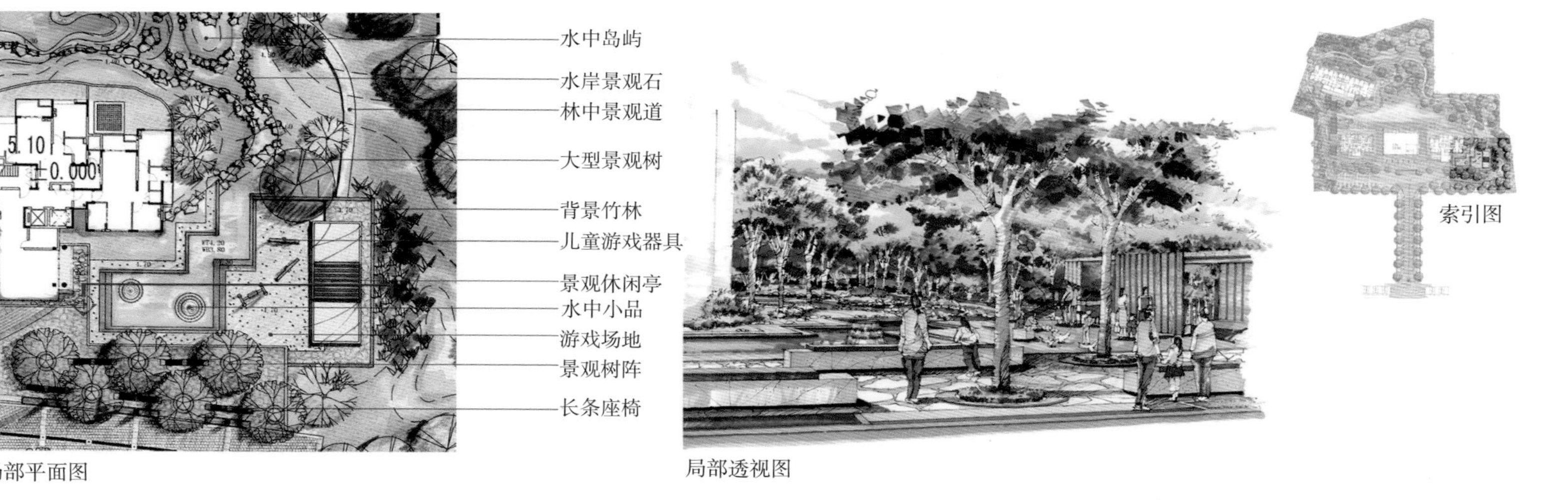
水中岛屿
水岸景观石
林中景观道
大型景观树
背景竹林
儿童游戏器具
景观休闲亭
水中小品
游戏场地
景观树阵
长条座椅
5.10
±0.000
局部平面图
局部透视图
索引图

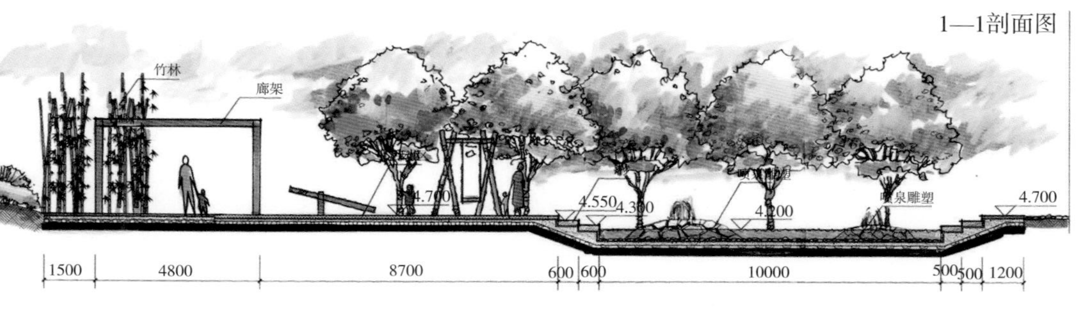
1—1剖面图
竹林
廊架
4.700
4.550
4.300
4.200
4.700
1500
4800
8700
600
600
10000
500
500
1200

意向图片

图6-12　局部图之三

第三节　复合式设计表现图

一、复合式设计表现图的概念

所谓复合式设计表现图是指把若干幅不同类型与表现形式的景观设计图组合在一张图纸上，以便综合全面并直观地表达设计意图。提倡以复合式绘图形式作为主要设计表现手段的人认为："从15世纪创立透视原理以后，制图和渲染的设备及工具已经大大改进，但几百年来设计表现的观念和方法并无重大变化。即便电子技术的出现，也只是令设计表现图更趋完美而已。"美国等设计思想及方法较为先进的国家中一些专业人员在积极探索新的绘图理念和方法，复合式设计表现形式是其中的主要方法之一。

二、复合式设计表现图的作用

复合式设计表现图改变了传统设计表现图的表达方式，将以往各独立图面的信息进行关联、整合，动态、有效地进行总体表达。在实际工程中，它不但能够提供全面的信息服务，综合性地表达设计意图，同时，在启发新的设计观念方面也将发挥积极作用。这种绘图方式回避了设计者和观图者只考虑单独部位设计状况的弊端，辅助专业人员系统分析景观各部分的相互关系，同时增强委托方对设计的整体理解。这种绘图方法在景观设计大赛中也是常用的表现手段，参赛者可以在有限的图面空间内安排大量的设计信息，以期短时间内获得评委的充分了解和支持。

三、复合式设计表现图的表达内容及表现特点

复合式设计表现图是全新的，根本目的是要更全面、更清晰地表达空间和景物的构造。形成独特的复合式表现形式并不是绘图的根本目的，因此，复合式表现图并非故弄玄虚地表现一些奇异的构图和含混的图像，而是通过综合媒介的表现技巧，将传统的平面、立面、剖面和三维图的表现内容根据设计表达的需要集中到一张图纸上，在逻辑关系上将它们穿成一体，结合一定的构图形式进行自由组合。

在实际工作中，应明确复合式画面表现的目的和意义，合理运用此种绘图形式的表现技巧，以便全方位地展现设计理念与设计样式。需着重考虑以下几个方面：

（1）明确所要表达的设计内容和目的。

（2）各图之间的相互关系是构图的基本依据。

（3）注意构图内容的主次关系。

（4）确定需要着重强调与阐述要点的优先顺序。

（5）选择恰当的绘图技法。

第四节 设计案例分析

本节以西安曲江唐诗园景观设计作为案例进行分析。

（一）设计背景与功能分析

西安是一座历史文化底蕴厚重的古城。市政府设想在曲江开发区打造以唐诗为主题的城市标志性景观带，既可为游客和西安市民提供休闲、娱乐场所，同时也是寓教于乐的综合性公园。园区内不但设计大面积的自然景观区域，还布置内容各异的休闲娱乐空间，给西安市民提供多元化室外生活平台的同时，为完善城市环境建设打下基础，见图6-13。

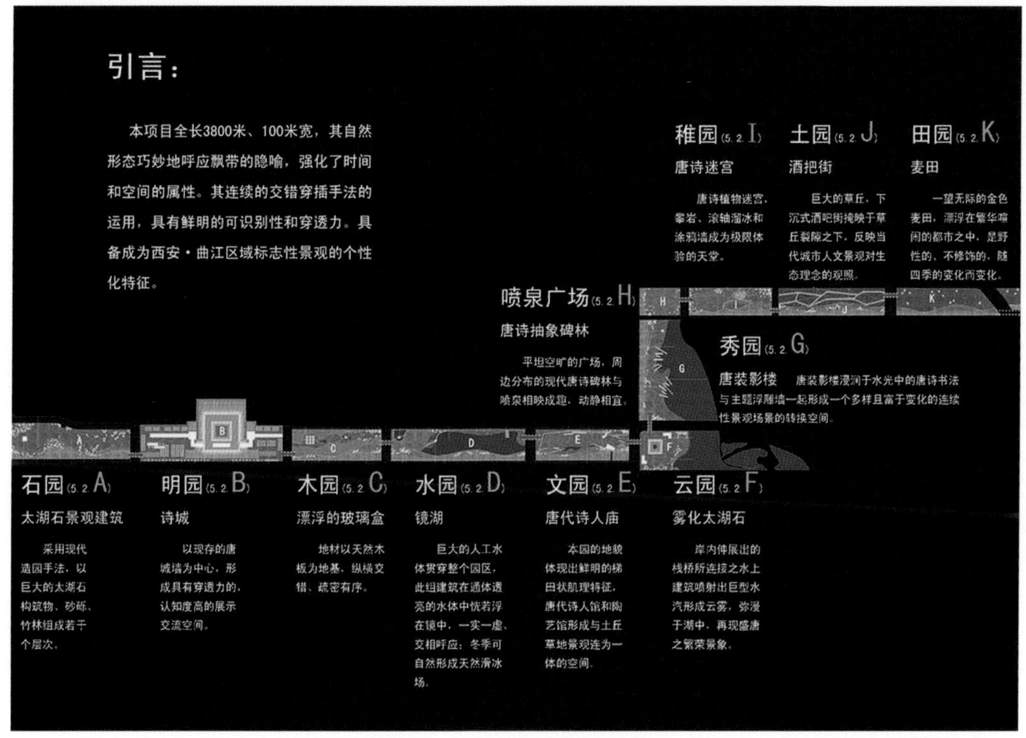

图6-13 设计背景与功能分析

（二）定位设计主题

本项目所在地全长3800m，宽100m，其长条的自然形态巧妙地呼应飘带的隐喻。盛唐飞天的造型深入人心，彰显自由、流动、浪漫、丰富的气质。抽象的飞天飘带隐喻了唐诗节奏与韵律的变化，同时可作为连续的视觉要素，将整体景观带的各种功能与形式穿插统一，形成连贯性和渐入佳境的景观体验。通过寓意飞天飘带的地势的起伏变化，使景观和功能巧妙地结合。唐诗以多种多样的形态存在之痕迹遍布在整体景观带的不同区域，铭刻了千年历史坚实的文化遗迹，见图6-14~图6-17。

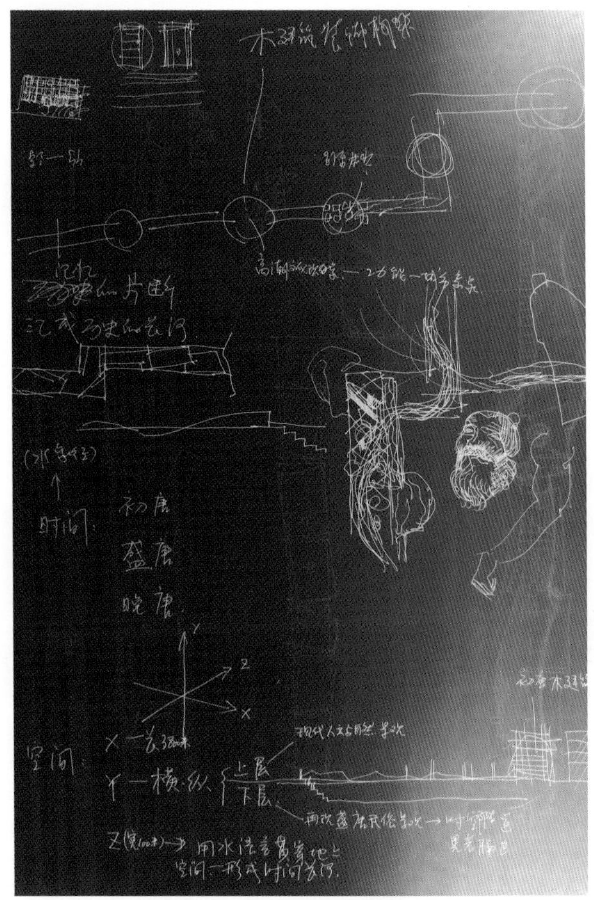

图6-14　设计主题分析之一

图6-15　设计主题分析之二

整体策略
景观轴定位：大景观 大意象——飘带 片断

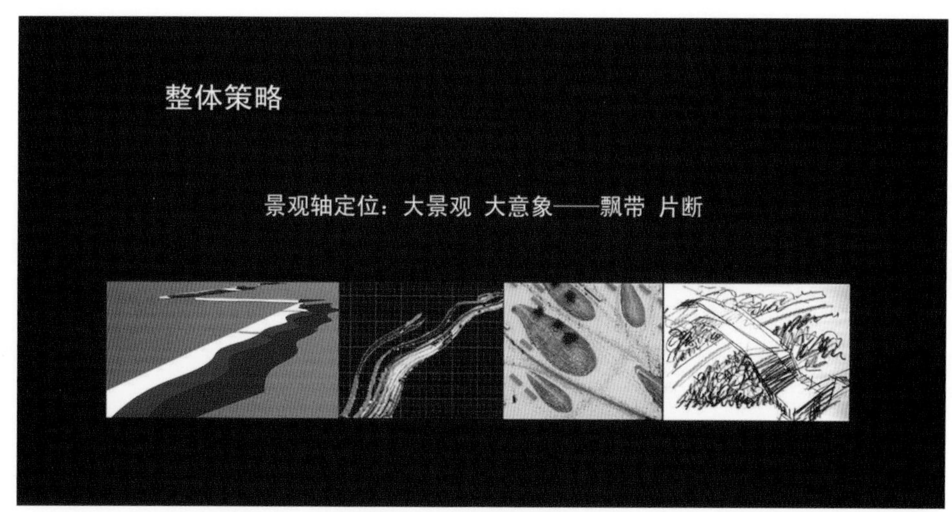

图6-16　设计主题分析之三

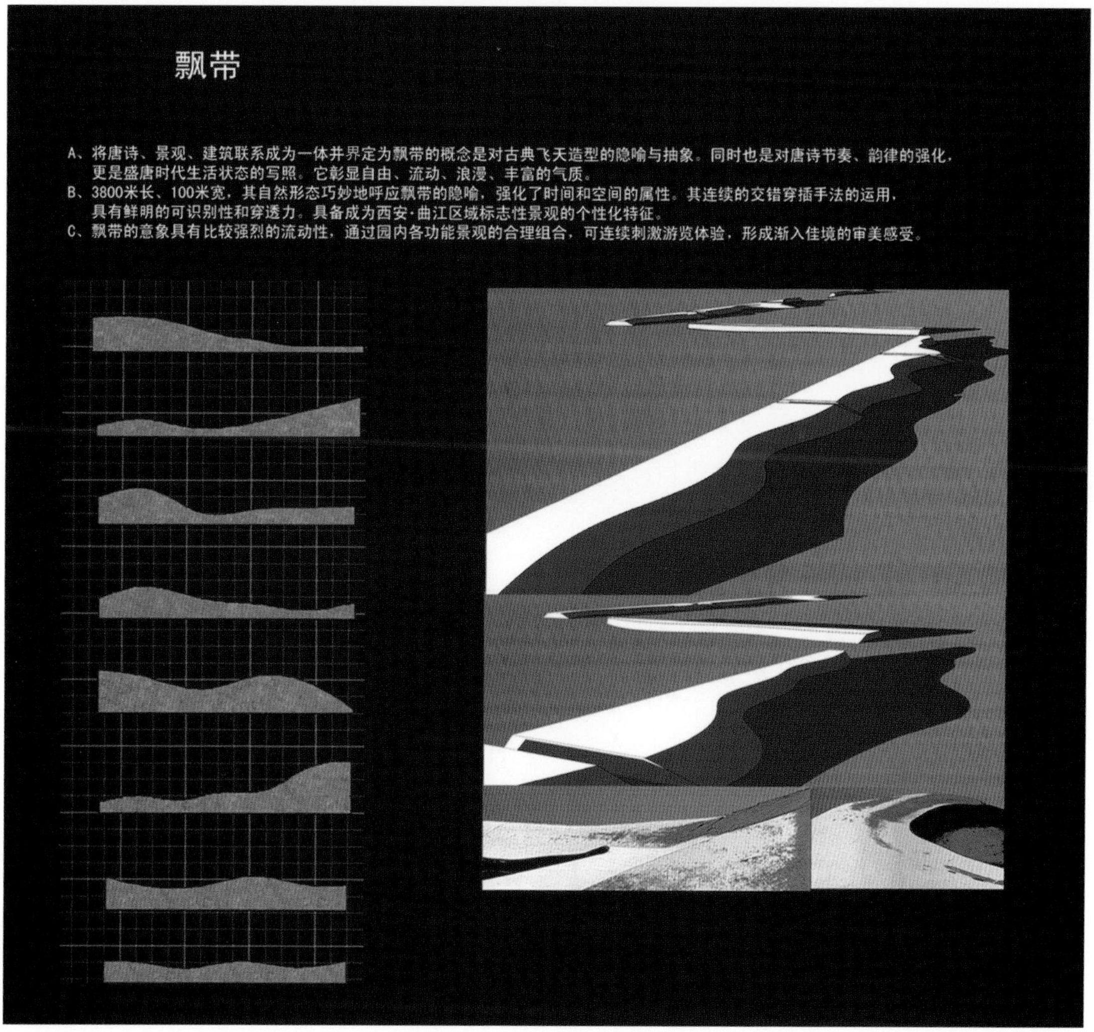

飘带
A、将唐诗、景观、建筑联系成为一体并界定为飘带的概念是对古典飞天造型的隐喻与抽象。同时也是对唐诗节奏、韵律的强化，
更是盛唐时代生活状态的写照。它彰显自由、流动、浪漫、丰富的气质。
B、3800米长、100米宽，其自然形态巧妙地呼应飘带的隐喻，强化了时间和空间的属性。其连续的交错穿插手法的运用，
具有鲜明的可识别性和穿透力。具备成为西安·曲江区域标志性景观的个性化特征。
C、飘带的意象具有比较强烈的流动性，通过园内各功能景观的合理组合，可连续刺激游览体验，形成渐入佳境的审美感受。

图6-17　设计主题分析之四

（三）深化设计主题

针对飘带为主轴的景观带进行补充，形成多个主题片段的设计概念，避免景观内容与形式的单调乏味。根据园区周边环境的土地使用性质、交通系统及建筑施工的基础和依据，将整条景观带分为不同区块。不同园区都有各自独特的内容和景观风貌：有的园区主要是社区活动的场所，有的提供城市文化展示的环境，有以商业娱乐活动为主要内容的景观区段，也有寓教于乐的展现自然生态园林风貌的区域。各园区以水的多种形式载体贯穿，通过地形、植物、水体的相互关联，运用延续性和连贯性的造园手法来加强地块之间的联系统一，避免各地块的景观意象分割断裂。合理利用场地原有自然条件，在协调城市自然保护和经济发展关系的前提下，突显不同区段景观的特殊性与丰富性，见图6-18~图6-22。

片断

在这里，片断的意象首先是对飘带的补充与丰富，也是形成博览园各主题景区的最佳形态。片断不是单纯的对唐诗意象的抽象，而是从西安·曲江城市文脉的定位出发，在尊重此区域现有人文、自然景观的前提下，注入大风景的意象，既是对此区域历史人文景观的补充、强调，又是对当代中国城市此类景观固有创作模式的颠覆。视觉语言单纯、强烈，追求一种类似现代园林景观创作手法中倡导的“没有设计的设计”——强调大的空间意境。

片断的形态回避了学者和观赏者对唐诗意境的追根溯源，无需从历史沿革、风格流派、主流非主流等方面进行评价，省却了很多无谓的是非。

既然是片断，就会有片断之间的隔断与连接，这为整体形态布局增加了随机性。而飘带所具备的体量和流动特征则恰当控制住了整体的延续性与协调性。

图6-18　深化设计主题之一

意象分析

现代都市中能够令人感动的自然场所太少，这里的自然不是单纯指公园或建筑周边的绿地或水面——它应该是可以感动和激励人们，并令人难以忘怀的多样性的时间和空间的组合体。它不仅是自然本身，更是可以创造出在有限的时间和空间内能给人带来感动和慰藉、体验到历史文化的美学意识和价值观，追求一种能够体现当代人们物质和精神需要的时间和空间场所。

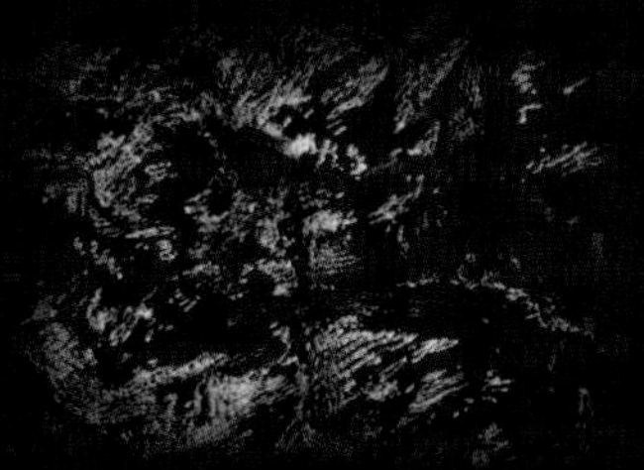

- 地理景观应以抽象的手法与唐诗意境结合。
- 新奇、开放、明确。
- 空间手法应有意识向当代艺术及行为靠拢。

风、云、雨、雪、竹海、松涛、大漠、市井、荷塘等自然与人文意象最终转换为金、石、水、木、土等大视觉形态，来对应唐诗中的不同表达形式和精神要义。它以时间和风格为线索，来展示唐代各个历史阶段诗歌的风采。

图6-19　深化设计主题之二

空间关系

意象归纳为六至七组可视的情景意象并对应到各景区。金、水、木、土、石、时间、肌理、意象（语言+图像+人的行为）组成大的视觉形态，每一组团体量可根据需要适当增减，强化材料语言的单纯性，亦可增强视觉语言的单纯性和景观空间的连续性，为本景观与其他辅助功能空间之间的关系奠定了可延展的基础。

图6-20　深化设计主题之三

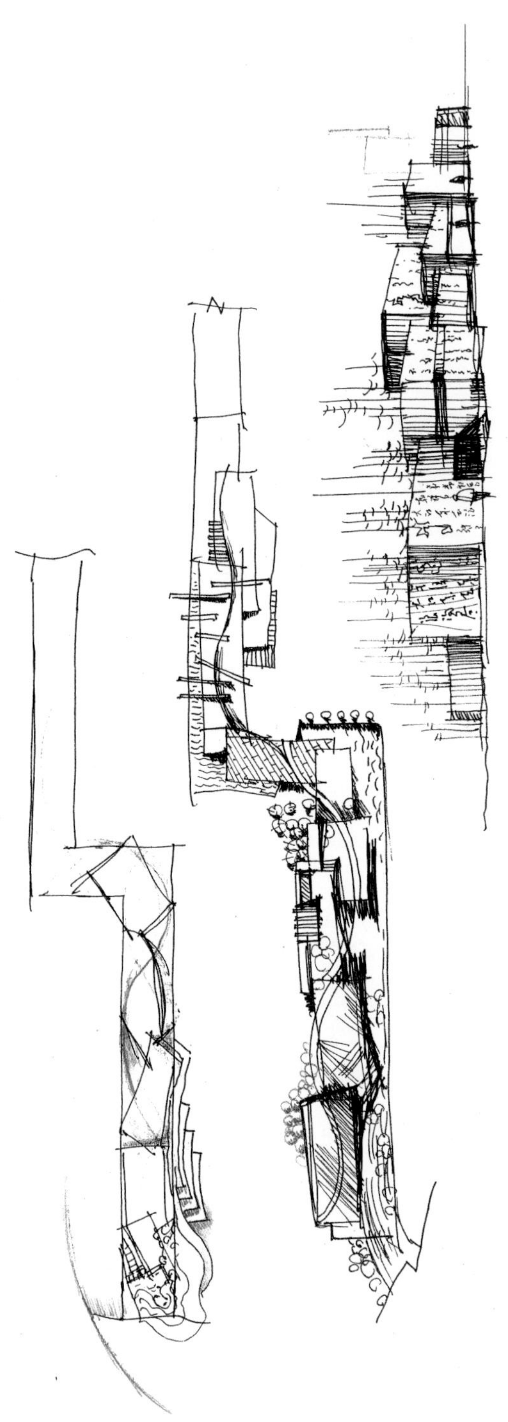

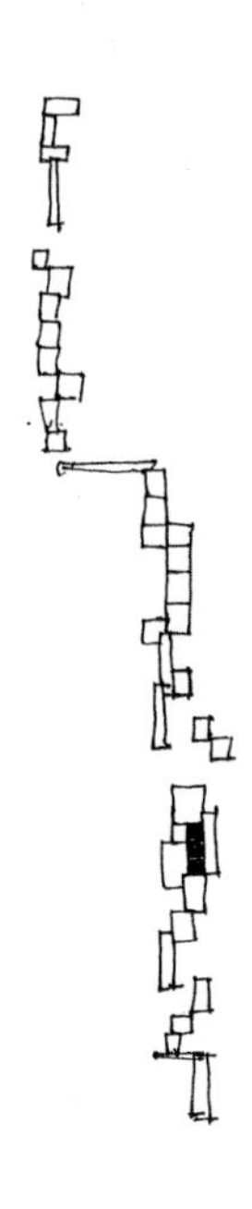

图6-21 深化设计主题之四

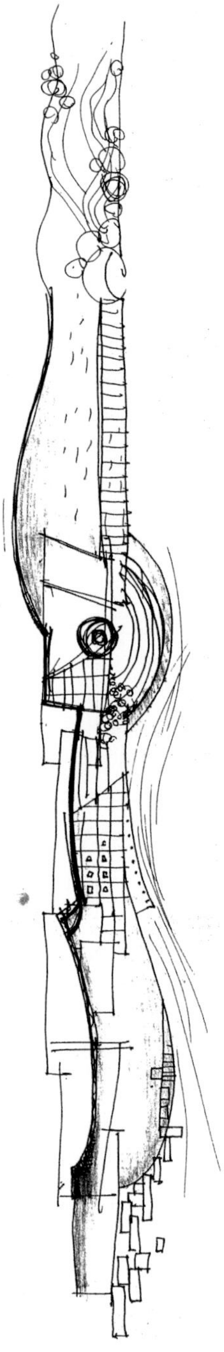

图6-22 深化设计主题之五

1. 石园

石园作为整体景观带的西部首段园区，采用现代的造园手法，于入口处设置了巨大的太湖石意向建筑，既体现了现代建筑技术水平，也传达出当代人对传统文化与自然的尊重。“太湖石”作为该园区的地标性建筑，既是观光空间又是自然物象，游览者可从空穴裂缝中徜徉进入观景空间，随时可发现唐诗小品。内外的观赏与互动营造虚幻的体验，结合周围竹林景观与丰富的地面石材搭配，营造自然、淳朴的园区景观风貌，唤起游人久已淡忘的朴素与超然的回忆，见图6-23~图6-25。

图6-23　石设计之一

图6-24　石设计之二

2. 明园

明园为西安城市文化展示区，该地块位于整个园区的中心地段（面积最大），在园区设计中充分挖掘西安古城文化，使园林景观与城市文化交相辉映。保留景观园区内一段唐代遗留的古城墙，以现代的钢结构玻璃建筑手法将之保护并展示出来。这段古城墙的玻璃“外壳”镌刻唐诗，造型为抽象的大雁塔负型，与西安市内现存的大雁塔中轴呼应，表达了现代人对历史文化的认同与尊重。阳光、植物、古城墙透过玻璃渗透辉映，形成自然与人文的交响，见图6-26和图6-27。

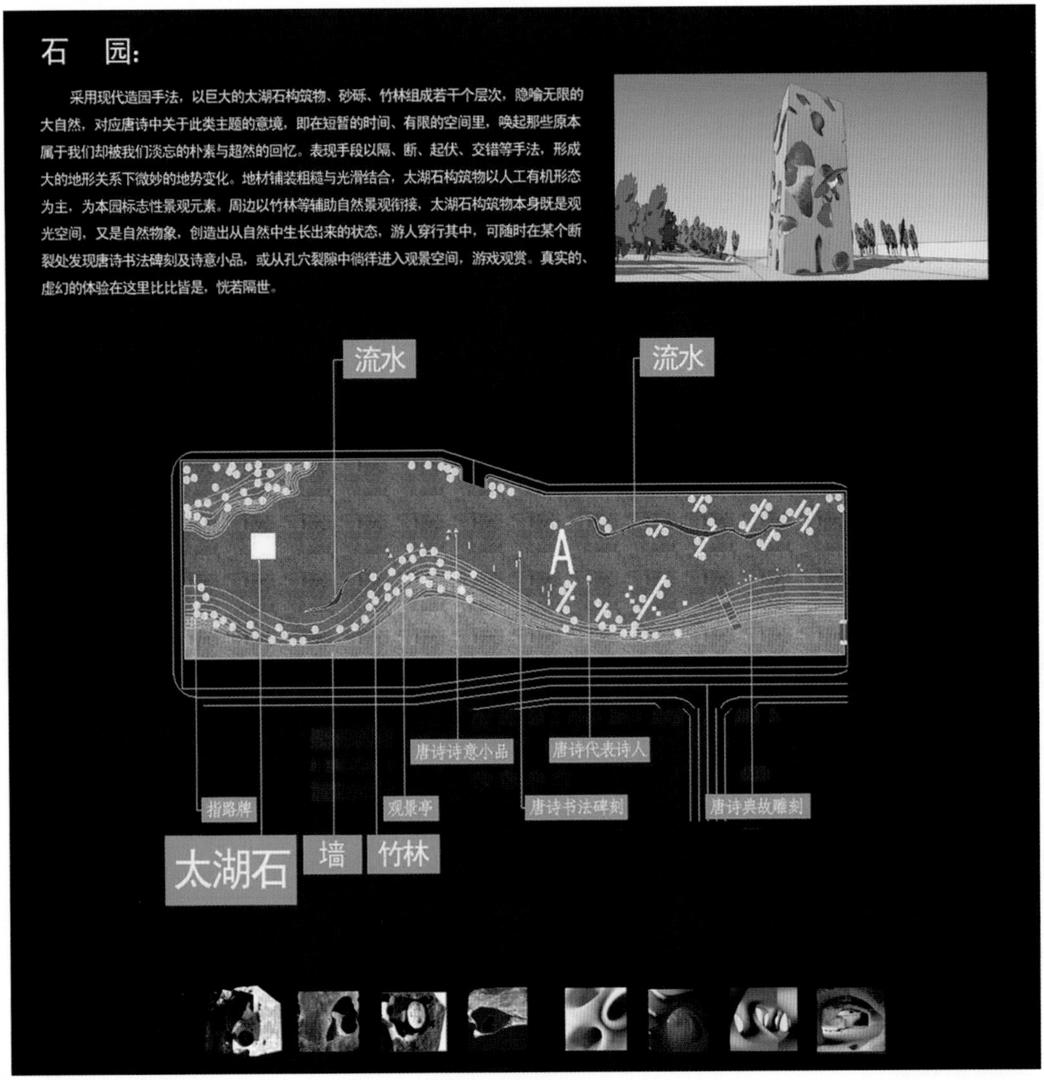

石　园：

采用现代造园手法，以巨大的太湖石构筑物、砂砾、竹林组成若干个层次，隐喻无限的大自然，对应唐诗中关于此类主题的意境，即在短暂的时间、有限的空间里，唤起那些原本属于我们却被我们淡忘的朴素与超然的回忆。表现手段以隔、断、起伏、交错等手法，形成大的地形关系下微妙的地势变化。地材铺装粗糙与光滑结合，太湖石构筑物以人工有机形态为主，为本园标志性景观元素。周边以竹林等辅助自然景观衔接，太湖石构筑物本身既是观光空间，又是自然物象，创造出从自然中生长出来的状态，游人穿行其中，可随时在某个断裂处发现唐诗书法碑刻及诗意小品，或从孔穴裂隙中徜徉进入观景空间，游戏观赏。真实的、虚幻的体验在这里比比皆是，恍若隔世。

流水
流水
A
唐诗诗意小品
唐诗代表诗人
指路牌
观景亭
唐诗书法碑刻
唐诗典故雕刻
太湖石
墙
竹林

图6-25　石园设计

图6-26　古城墙设计

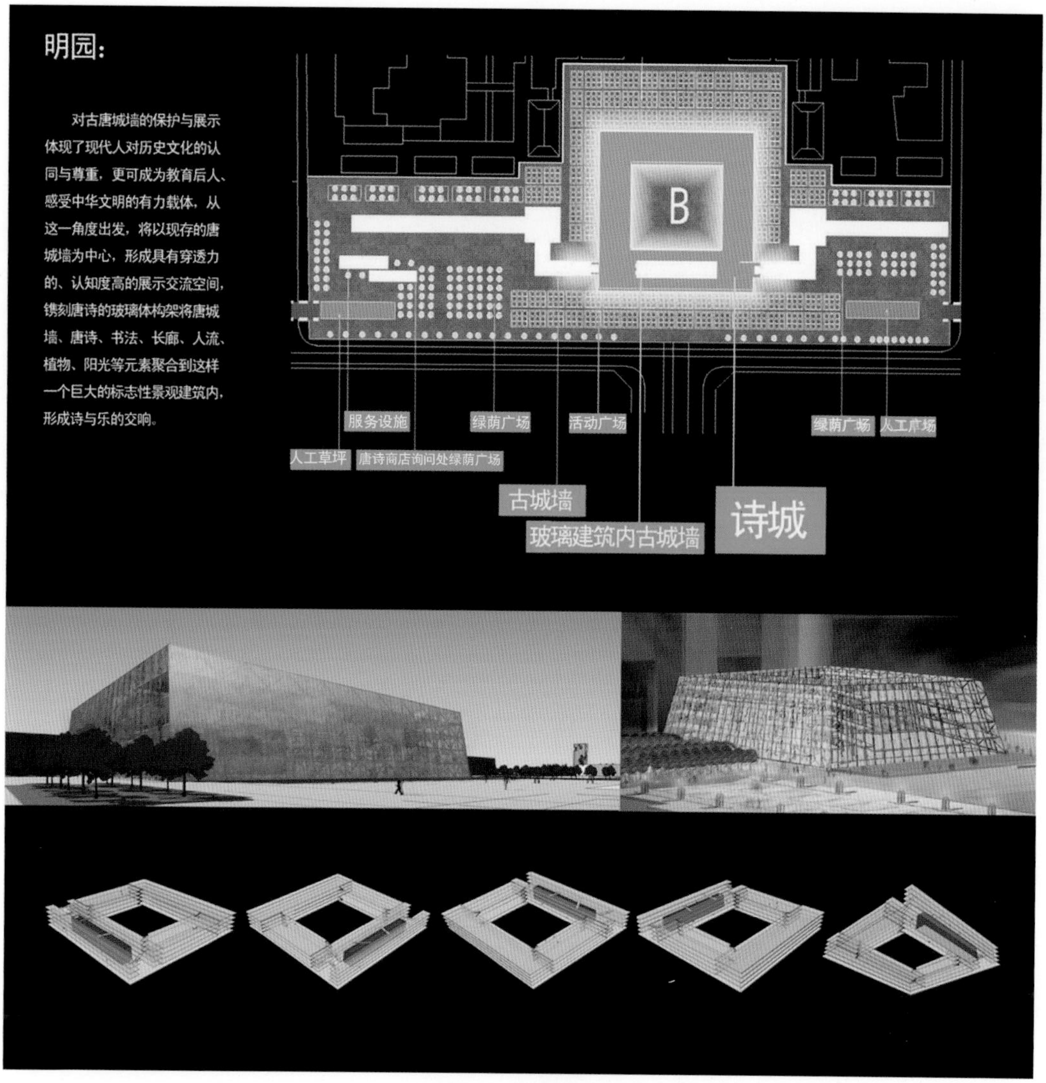

明园：

对古唐城墙的保护与展示体现了现代人对历史文化的认同与尊重，更可成为教育后人、感受中华文明的有力载体，从这一角度出发，将以现存的唐城墙为中心，形成具有穿透力的、认知度高的展示交流空间，镌刻唐诗的玻璃体构架将唐城墙、唐诗、书法、长廊、人流、植物、阳光等元素聚合到这样一个巨大的标志性景观建筑内，形成诗与乐的交响。

B
服务设施
绿荫广场
活动广场
绿荫广场
人工广场
人工草坪
唐诗商店询问处绿荫广场
古城墙
玻璃建筑内古城墙
诗城

图6-27　明园设计

3. 水园

水园周边地块为市中心居民区。为丰富市民生活和调节地域小气候，设计者在该区段开辟了巨大的人工湖，也使贯穿整体景观带的人工水系在此达到高潮。观景亭与水岸平台的设置既提供了舒适的观景条件，又满足了人的亲水性，冬季可自然形成天然滑冰场。湖边的硬铺广场为市民和游客提供了旅游和节日庆典的活动区，在这里可定期举办大型唐风表演，寓教于乐，见图6-28和图6-29。

图6-28　水岸平台设计

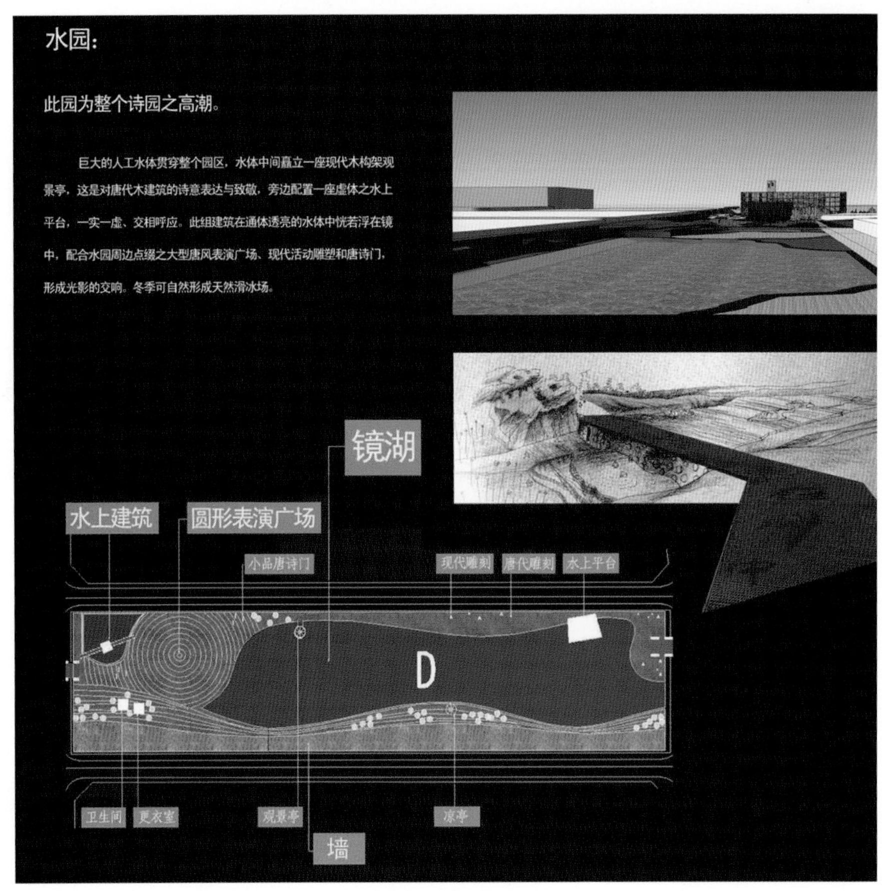

图6-29　水园设计

4. 文园

文园是社区活动的主要区段，周边区域主要以居住区为主，因此需要设置更多为居住人群服务的休闲活动设施。为突出不同区域景观功能的差异性，设计者把该区段的内容主题定位为休闲娱乐结合文化教育。照顾到不同年龄层的人群活动需要，设计了一系列以健身、游戏、教育为主题的社区活动中心，如老年活动区、唐代诗人馆、陶艺馆等，与土丘和草地等自然景观有机融为一体，见图6-30~图6-33。

图6-30　文园设计之一

图6-31　文园设计之二

图6-32　文园设计之三

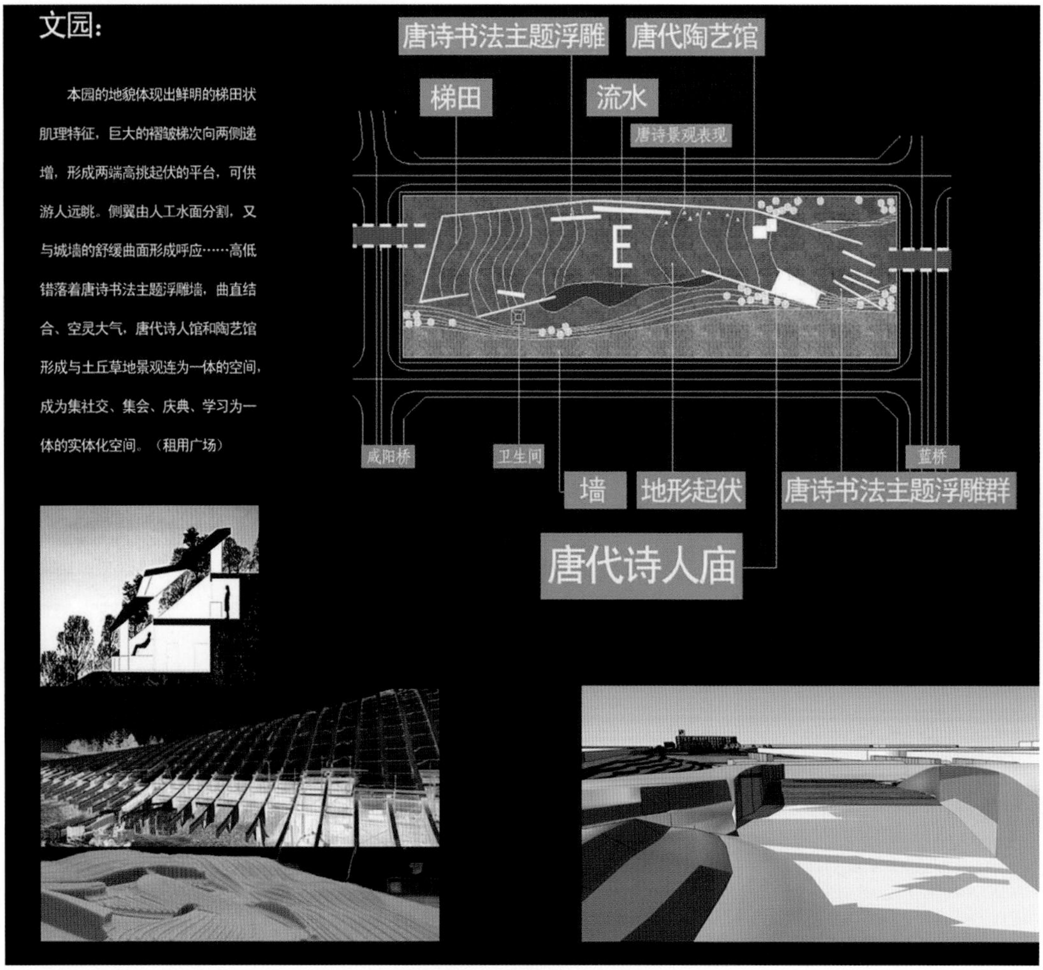

文园：

本园的地貌体现出鲜明的梯田状肌理特征，巨大的褶皱梯次向两侧递增，形成两端高挑起伏的平台，可供游人远眺。侧翼由人工水面分割，又与城墙的舒缓曲面形成呼应……高低错落着唐诗书法主题浮雕墙，曲直结合、空灵大气，唐代诗人馆和陶艺馆形成与土丘草地景观连为一体的空间，成为集社交、集会、庆典、学习为一体的实体化空间。（租用广场）

唐诗书法主题浮雕
唐代陶艺馆
梯田
流水
唐诗景观表现
咸阳桥
卫生间
蓝桥
墙
地形起伏
唐诗书法主题浮雕群
唐代诗人庙

图6-33　文园设计之四

5. 秀园

该区段在设计过程中尊重原地形、地貌特点，以自然环境中的湖泊为景观中心点展开设计。其中临水区的设计，从更大程度上体现出“智者乐水”。湖畔码头设亲水阶梯，露天广场上配备婚礼影像服务基地和珍禽饲养馆，为湖区增添了生活情趣。夕阳洒落在宽阔平缓的湖岸，散步的珍禽与休闲的游人共同沐浴在温暖的阳光和清香的空气中，观赏自然风光的同时强调人的参与性以及人与动物的和谐相融，游人在此感受到健康、时尚的生活理念，见图6-34和图6-35。

图6-34 湖畔码头设计

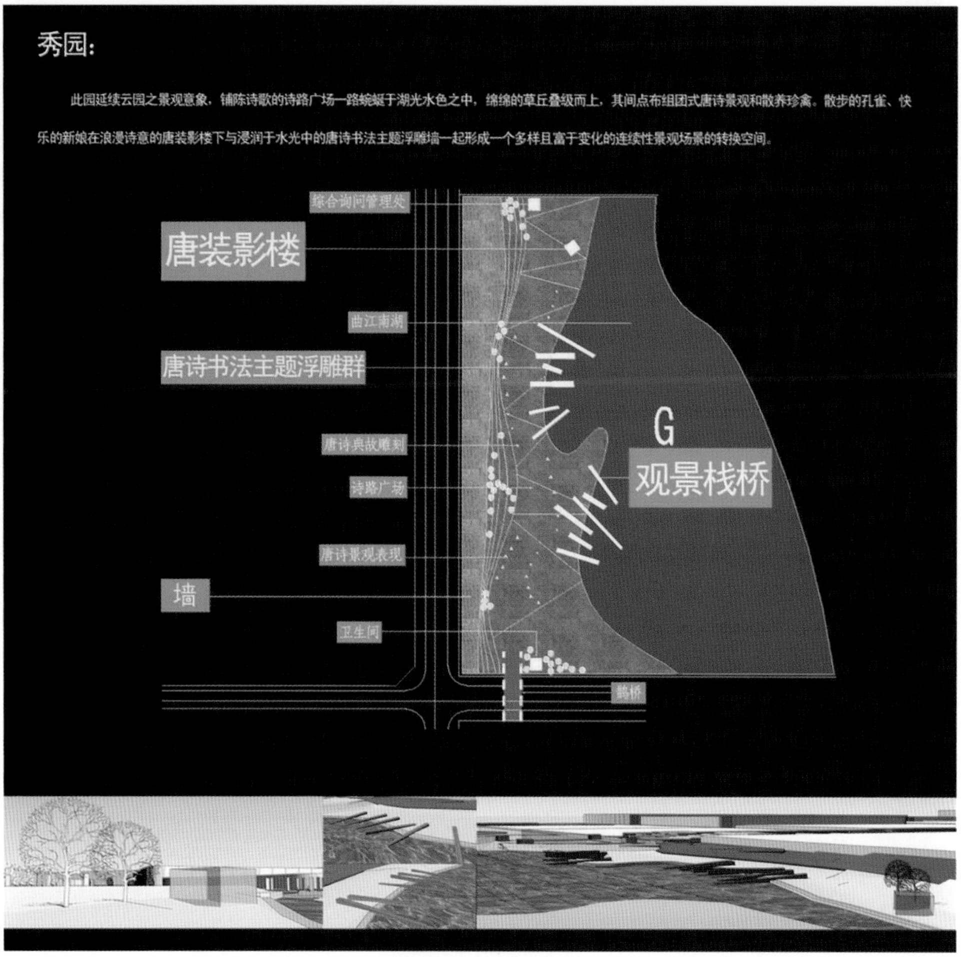

秀园：

此园延续云园之景观意象，铺陈诗歌的诗路广场一路蜿蜒于湖光水色之中，绵绵的草丘叠级而上，其间点布组团式唐诗景观和散养珍禽。散步的孔雀、快乐的新娘在浪漫诗意的唐装影楼下与浸润于水光中的唐诗书法主题浮雕墙一起形成一个多样且富于变化的连续性景观场景的转换空间。

综合询问管理处
唐装影楼
曲江南湖
唐诗书法主题浮雕群
唐诗典故雕刻
诗路广场
唐诗景观表现
墙
卫生间
鹊桥
G
观景栈桥

图6-35 秀园设计

6. 喷泉广场

喷泉广场作为秀园与稚园的节点，平坦的广场形成了巧妙的动静对比和借景关系。结合“诗林”主题广场的设计概念，将休闲娱乐和文化教育相结合。广场喷泉采用现代的电子控制技术手段，通过不同时段喷水位置和数量的调控，营造多样化的广场景观，同时可解决节假日人流过多时，场地有效使用面积不足的情况，见图6-36。

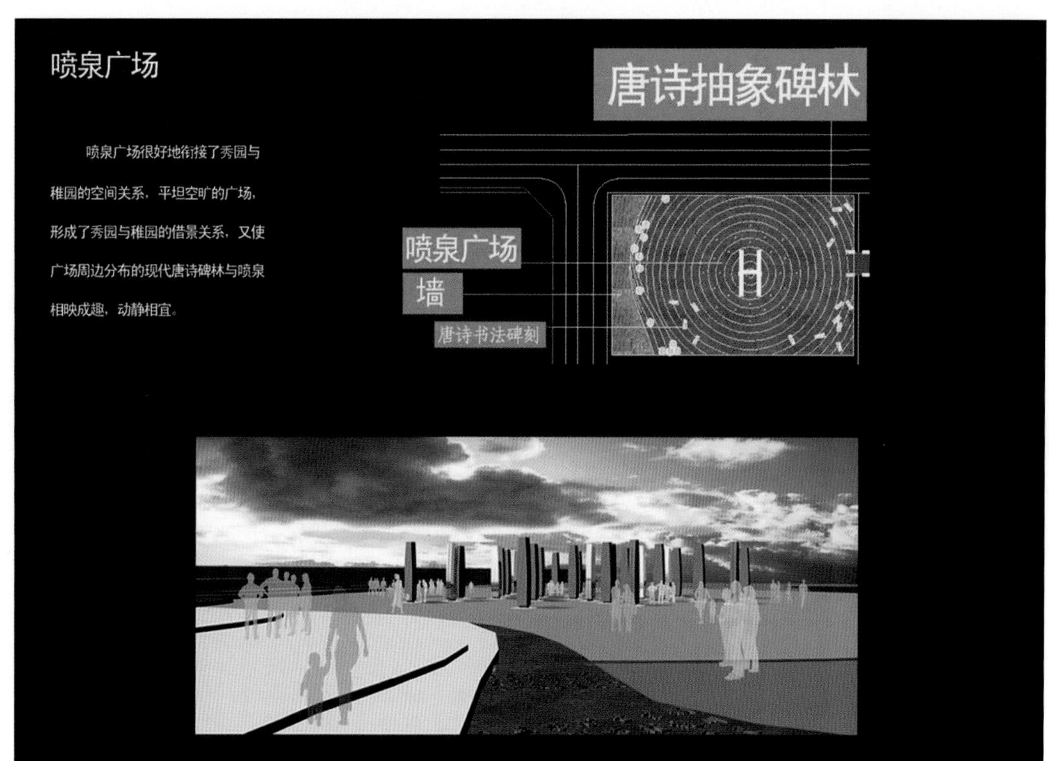

图6-36　喷泉广场设计

7. 稚园

稚园为不同年龄段的少年与儿童提供不同的游戏区域和综合性娱乐设施，给孩子们创造彼此交往、共同嬉戏成长的娱乐环境。把唐诗小品巧妙地穿插在现代的时尚运动中，寓教于乐。注重视线中景观的不同角度、不同层次的环境效果，错落有致地组织好各景观构成要素，见图6-37~图6-39。

8. 土园

该区段地处老城区附近，也是商业区中心，结合独特的地域特点，将该区段的景观功能定位为以商业娱乐为主。土园是整条景观带上最具商业潜能和升值潜力的区段，因此，该区段设置了风情商业街，内容涵盖多种商业项目，如餐饮、娱乐、户外演出等，吸引游客消费。营造人工的场地条件，搭建室内外浑然一体的景观构架，使商业娱乐、艺术活动与园林景观有机融合，传达唐诗意境的同时，反映当代城市人文景观对生态理念的观照，见图6-40。

图6-37 稚园景观构成要素之一

图6-38 稚园景观构成要素之二

图6-39　稚园设计

图6-40　土园

第七章

园林景观设计手绘作品赏析

大部分的绘图者通过长期的手绘实践，形成了自己独特的画面表现风格，也有一些设计和手绘人员根据不同的设计主题，尝试多种技法的手绘表现形式。无论选择哪种表现方法和过程，都要根据景观设计需要表现的具体设计情况而决定，如手绘图在不同设计阶段中需承担的责任、设计周期、设计主题及设计内容等。

（一）作品赏析之一

作者：大连医科大学中山学院袁德尊

主要绘图工具：马克笔、彩色铅笔、墨线笔

设计：

现代人的生活态度决定着园林景观的存在态度，而园林景观的存在态度亦反过来影响人们的生活态度，在这样的环境里人们将获得如同生活在桃花源般的恬静。根据各个别墅区具体的景观使用要求，处理功能的配置及景观节点的位置，应做到合理分区。结合不同景观的性质特点和设计风格，应有与之对应的空间尺度和布局方式。占地面积不大的别墅区的整体布局应自由灵活，节点处避免棱角过多，园区间的路网设计为流线型园路，结合地势，营造出舒缓的动感。植物结合路网柔化建筑物转角位置，摆脱封闭局促的景观空间效果。局部空间尺度感以精小舒适为主，细节处理变化丰富。

表现：

园林景观设计手法上强调亦动亦静的节奏和韵律，手绘表现时同样需要画面疏密结合、张弛有度。线描底稿简洁概括且装饰感很强，不同层次的绿色很好地控制了画面色调，与小面积暖色的配合避免了色彩的单调。画面中的留白处与着色的重点部位形成明快生动的对比效果。场景的空间比例、景物形体结构、色彩关系塑造准确，并通过平面、立面与透视图的全方位表现和相互对照，清晰传达设计意图，表明了实际工程设计的具体方法和形式。

见图7-1~图7-6。

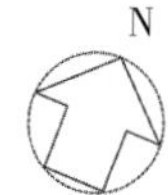

比例尺：
0M 10M 20M 30M 40M 50M

经济技术指标			
用地面积		20000	m^2
总建筑面积		4943	m^2
其中	别墅建筑面积	4551	m^2
	会所建筑面积	392	m^2
容积率		0.25	
建筑占地面积		2621	m^2
绿化面积		14000	m^2
绿化率		70%	
建筑密度		13%	
室外停车数		4	辆

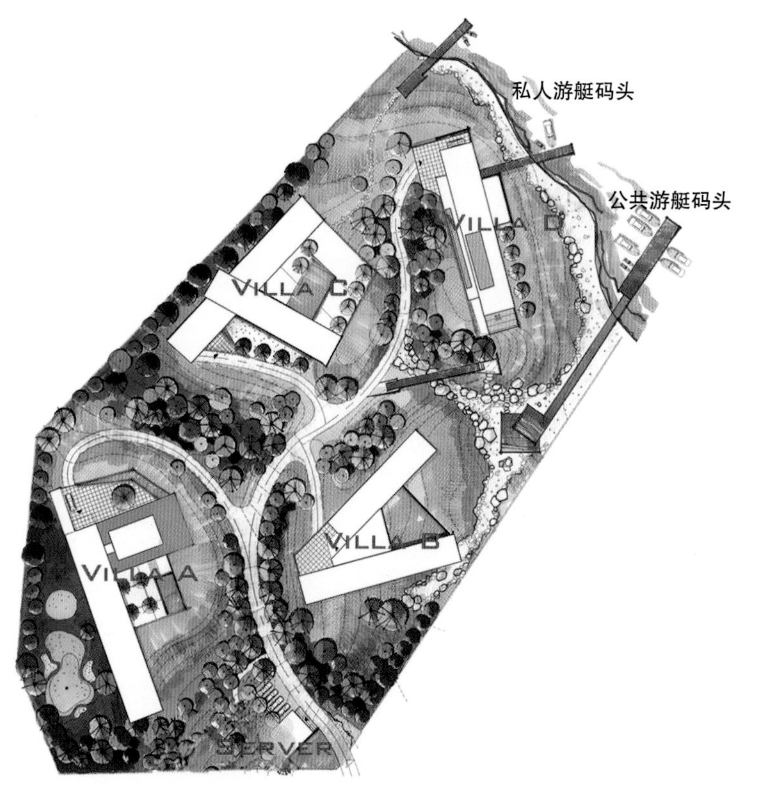

设计说明：
一、设计依据：
1. 武汉市勘测设计院测绘1/500地形图
2. 黄陵区规划局2004年8月对建筑方案的批复意见及红线定位图

二、建筑定位：
1. 见图中标注
2. 本图尺寸单位为：m

三、设计高程：
室内标高±0.000见图内各栋标注

四、城市道路无障碍设计：
1. 道路边设计盲道宽0.35m，选用成品盲道砖
2. 人行道缘石坡道选用98ZJ901–39–1
3. 其他部分及园林绿化设计甲方另行委托设计

图7-1　总平面图

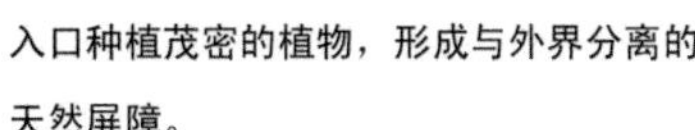

入口种植茂密的植物，形成与外界分离的天然屏障。

A—A剖面图

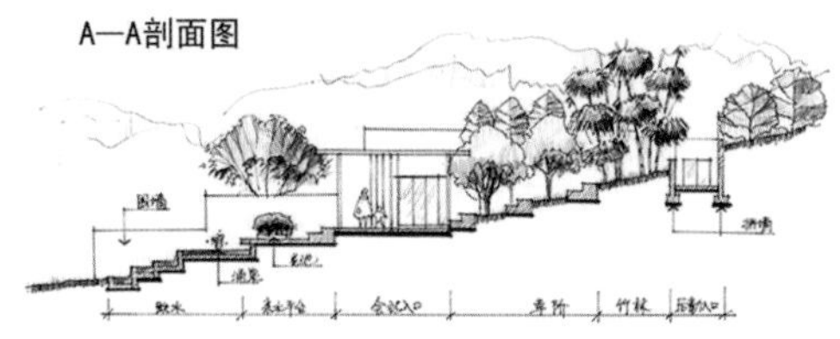

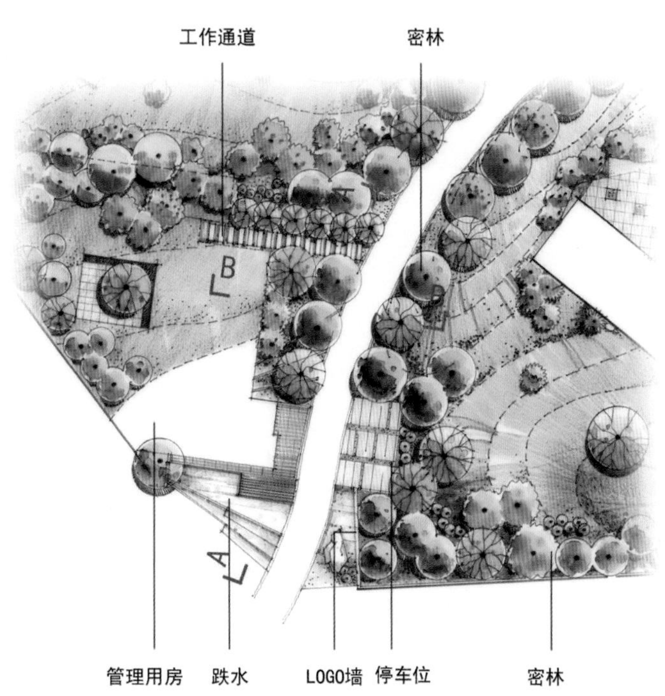

B—B剖面图

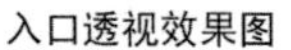

入口透视效果图

图7-2　入口节点

场地位于山地最高处，周围有茂密的树林，纯净而又自然，同时在庭院可眺望美丽的湖面景色。

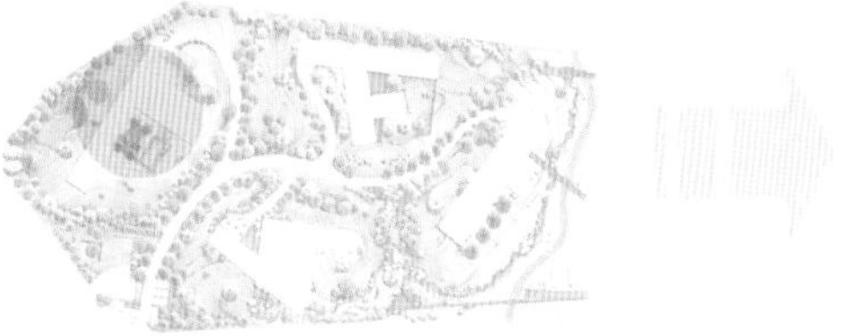

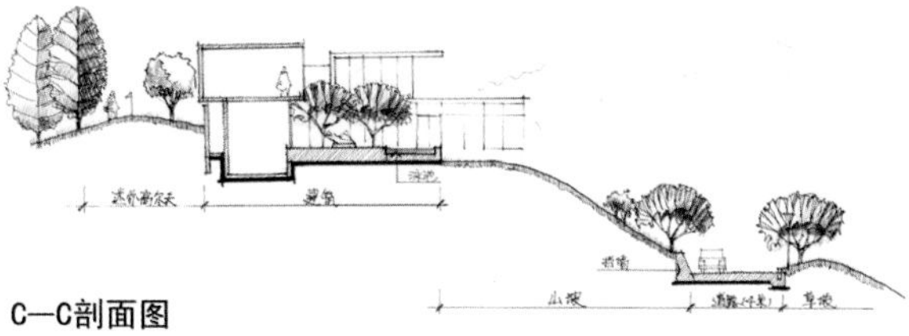

C—C剖面图

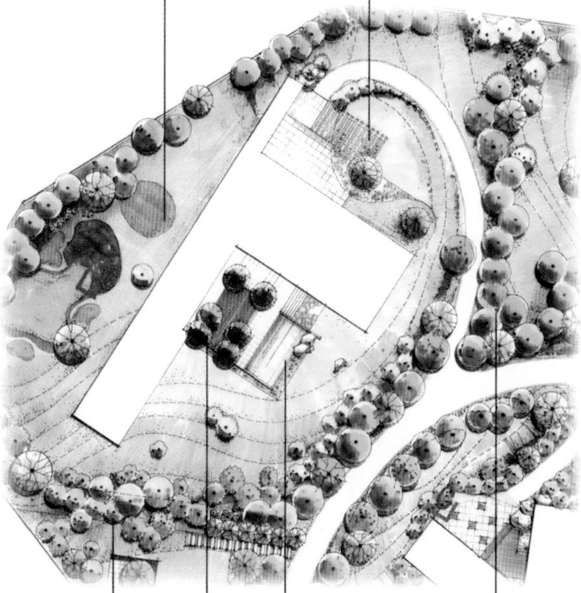

迷你高尔夫球场

砾石堆

密林

庭院

水池

密林

别墅A入口透视图

图7-3　别墅A节点

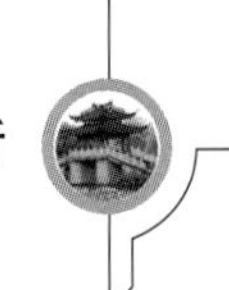

高挺的水杉树将建筑沉没在森林中，若隐若现。后花园动感和幽静的交织，漫山野花，给人无尽的遐想。

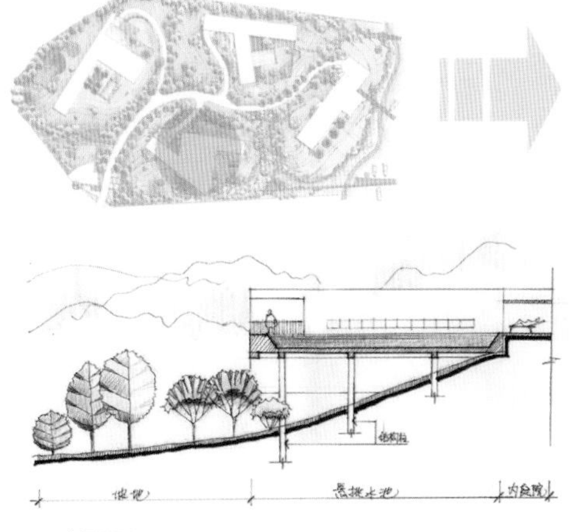

D—D剖面图

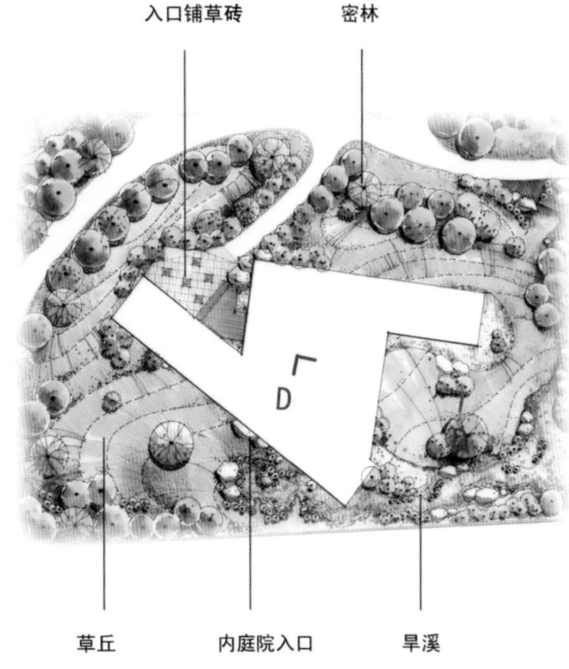

别墅B入口透视图

图7-4　别墅B节点

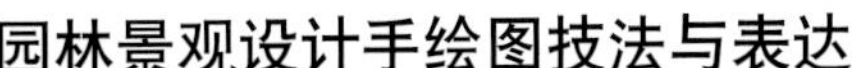

独特的下沉式庭院，与自然融为一体，并使原生态的树林、花草、坡地与别墅、水池相得益彰，互相辉映。

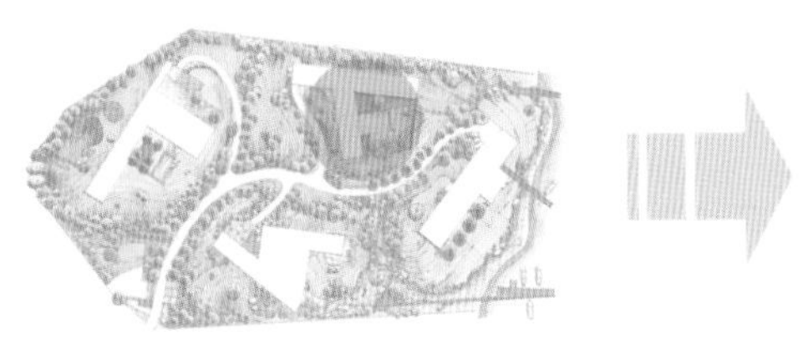

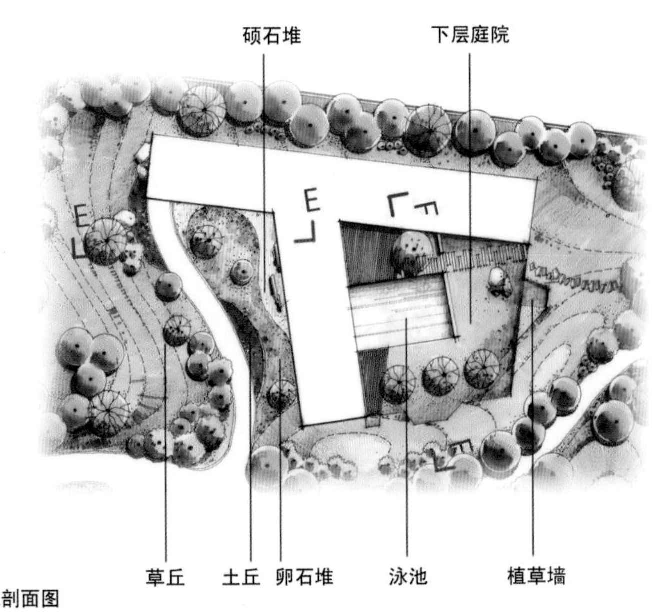

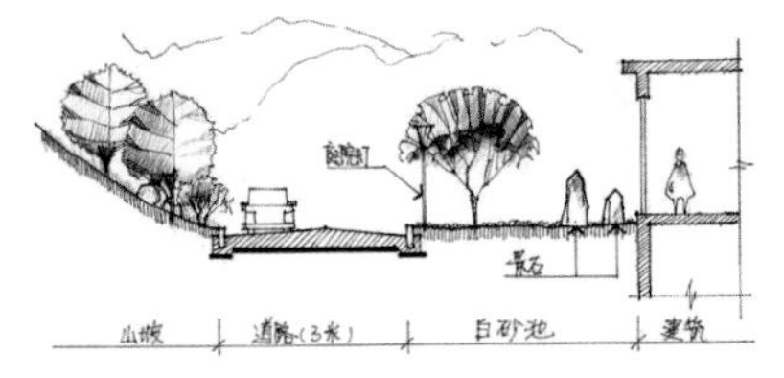

E—E剖面图

F—F剖面图

植草挡墙

别墅C入口透视图

图7-5　别墅C节点

柔和曲线的草丘仿佛将建筑延伸水中，上面形态各异的巨石，像低头吃草的小鹿、仰头哞叫的牛犊、酣睡的小猪和小狗

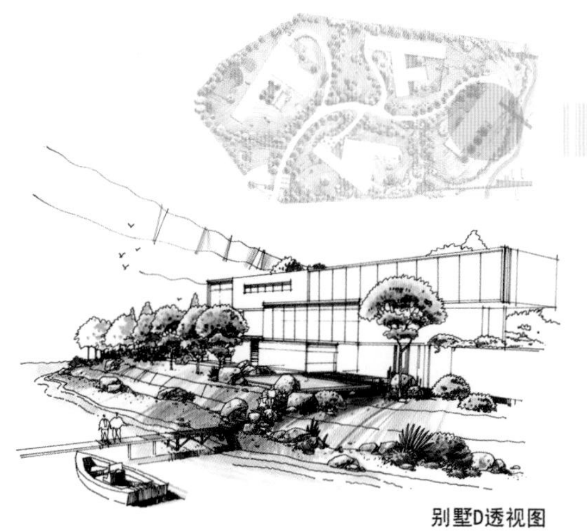

别墅D透视图

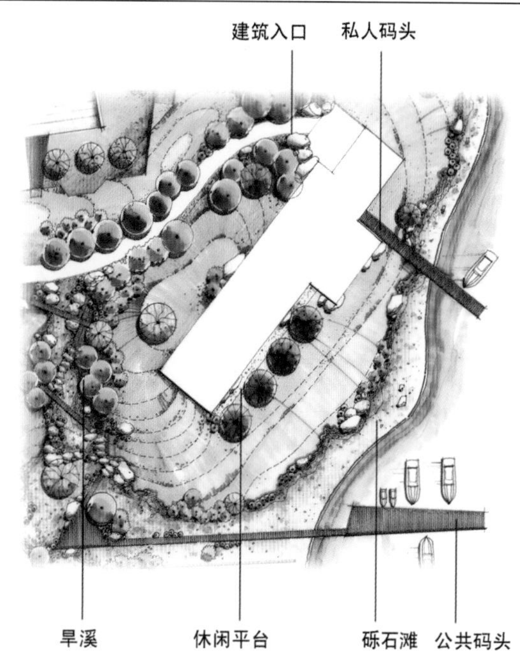

旱溪透视图

图7-6　别墅D节点

（二）作品赏析之二

作者：毛逸峥

主要绘图工具：马克笔、墨线笔

设计：

现代设计理念强调建筑与景观的共生性，景观魅力在于意境交融，建筑与景观融合是人居生活的最高境界。该设计尊重场地现有自然条件，把场地、建筑和自然景观完美地结合起来，环状围合的常绿乔木林形成了天然的屏障，静谧的水面为喧嚣的道路增添了一份宁静。运用地势的高差制造跌水景观，既增加了景观环境的趣味性和层次感，又满足了人们亲水的心理需要。水中树影重重，水声潺潺，提倡现代景观的可听、可观、可触、可感，从全方位体验水给人带来的乐趣。该设计中各种景观元素相互渗透，巧妙运用传统园林中借景、对景等设计手法，整体、动态地把握了景观空间的环境效果。

表现：

该系列手绘图近处景物明暗对比强烈，笔触清晰生动，远景物体明暗对比较弱且笔触平淡，背景天空及次要景物概括处理，较好地表现出了场景的空间进深感。笔触表现技巧娴熟，能够体现景物形体特征。采用较细的绘图笔勾画底稿，更加凸显马克笔笔触的表现力，画面效果明朗、帅气。

见图7-7~图7-17。

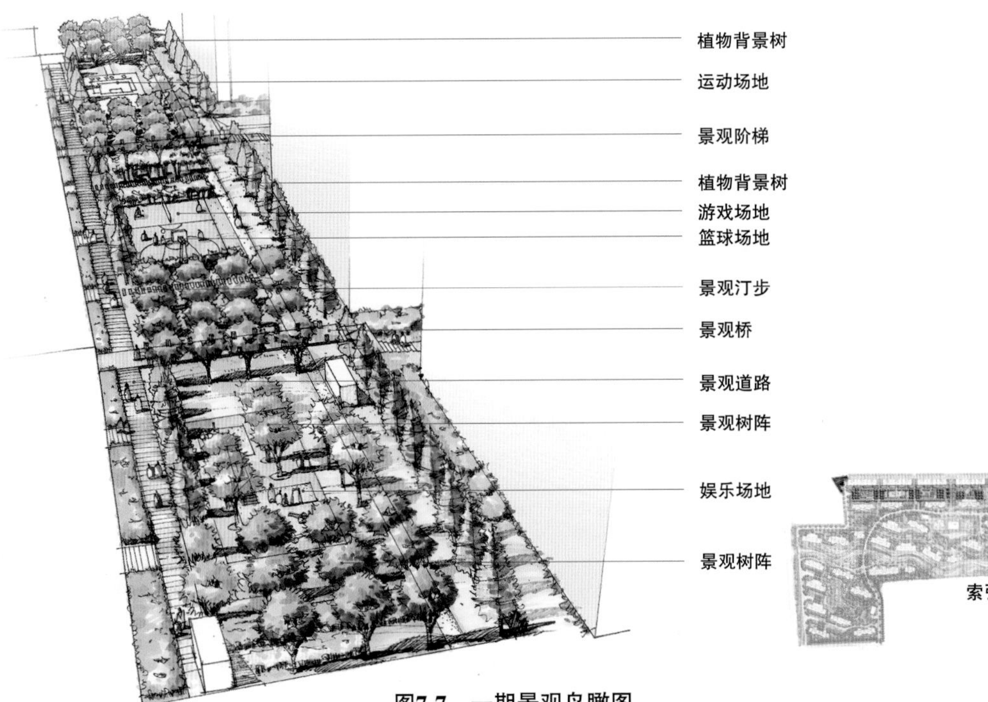

图7-7　一期景观鸟瞰图

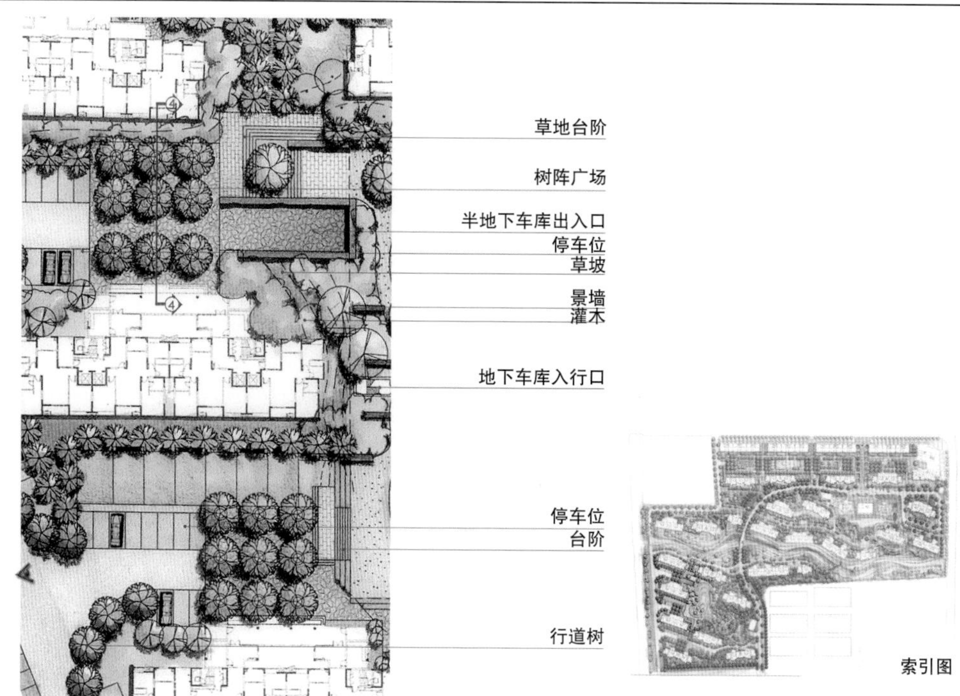

图7-8　楼门前景观

图7-9　局部透视图之一

样板区儿童游戏区表现图

竹林
景观廊架
建筑通廊
卵石旱溪
石材汀步

样板区幽静休闲道表现图

图7-10　局部透视图之二

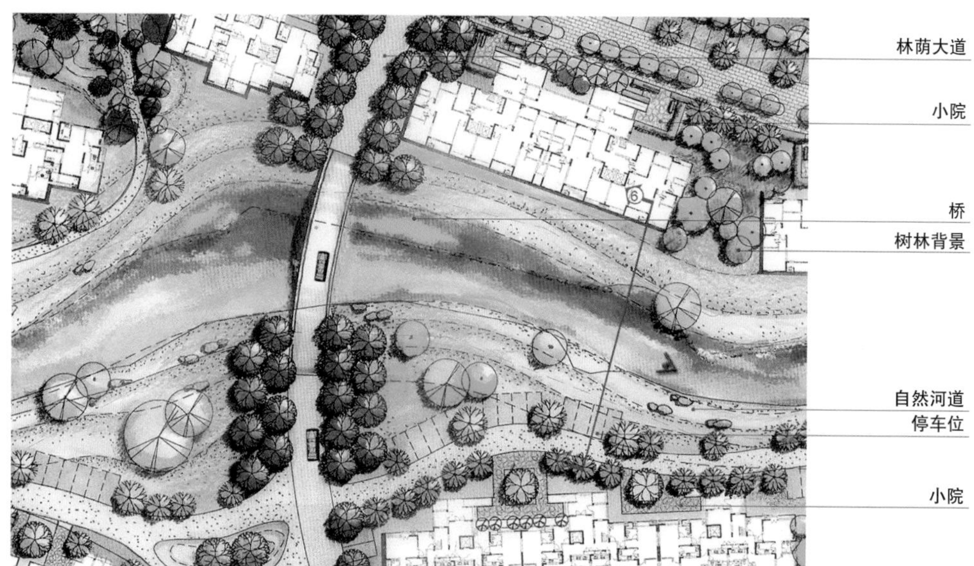

局部平面图

图7-11 河道及路桥

图7-12 局部透视图之三

局部平面图

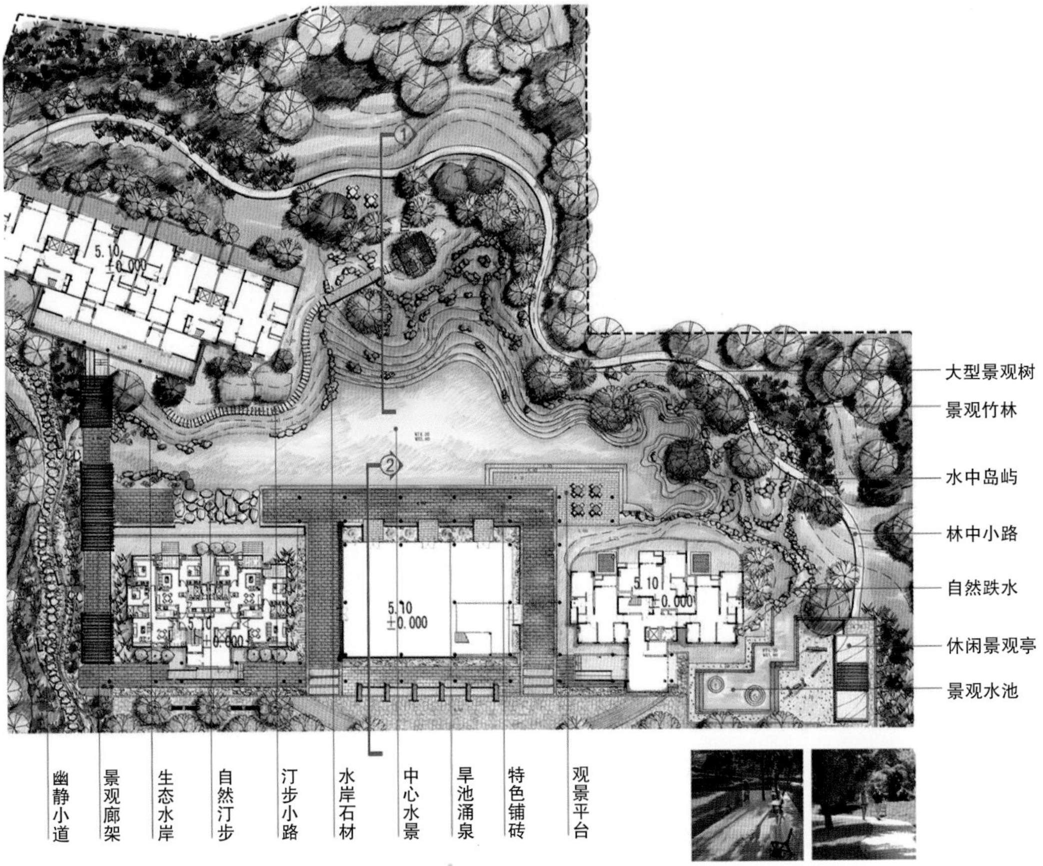

大型景观树
景观竹林
水中岛屿
林中小路
自然跌水
休闲景观亭
景观水池

幽静小道
景观廊架
生态水岸
自然汀步
汀步小路
水岸石材
中心水景
旱池涌泉
特色铺砖
观景平台

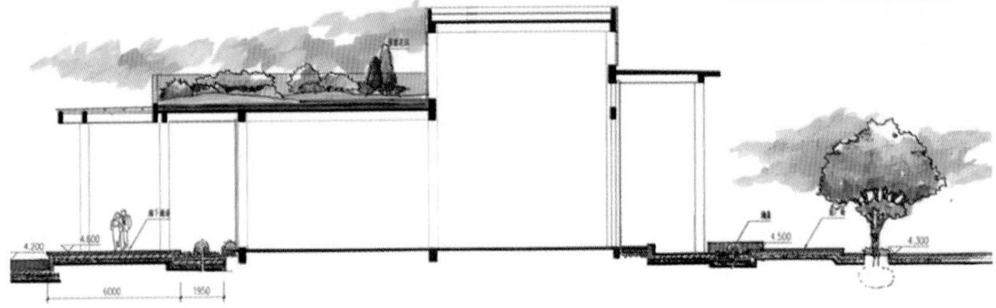

2—2剖面图

图7-13　样板区主景区

局部透视图

图7-14 局部透视图之四

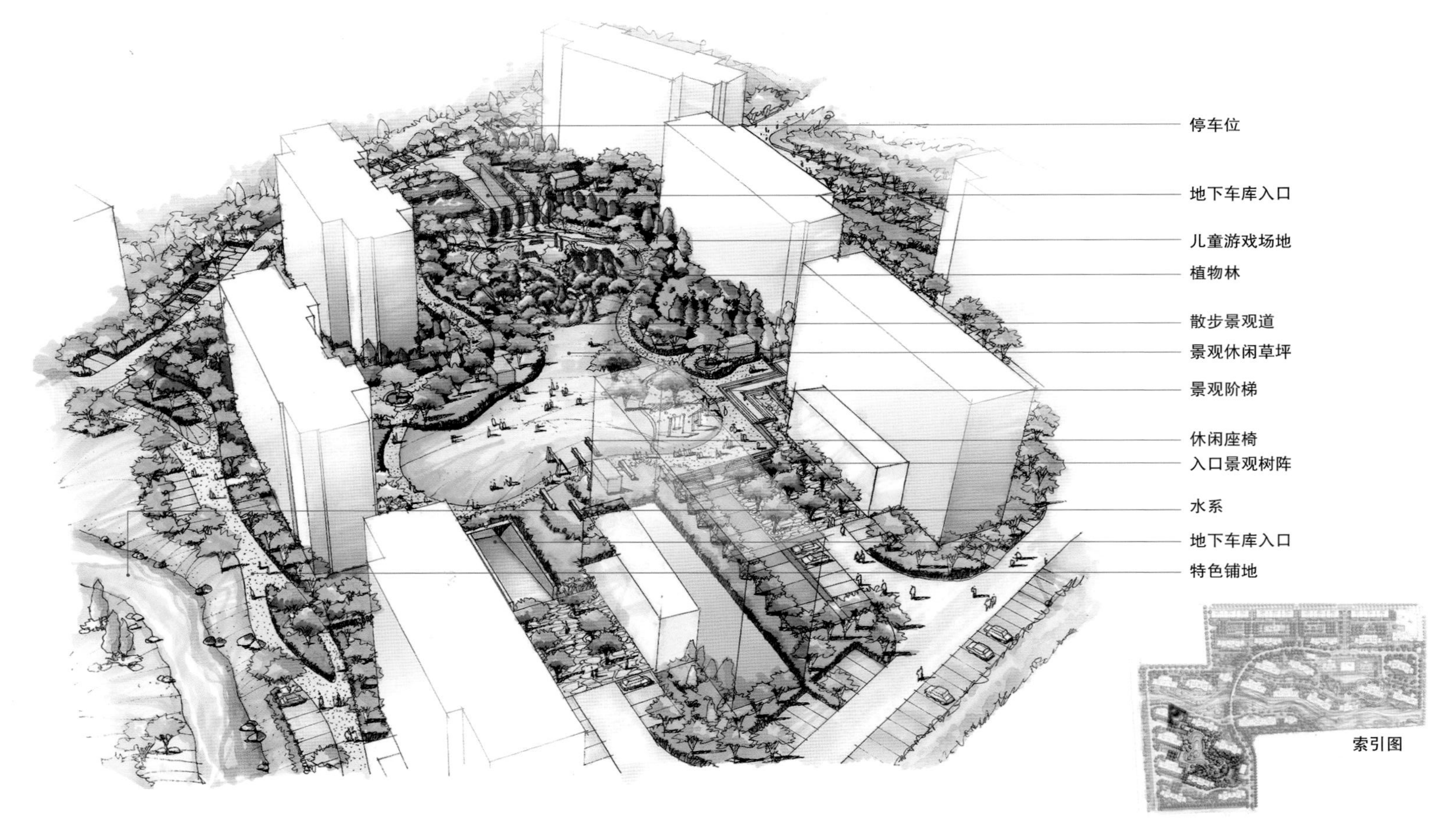

图7-15　二期中心景观鸟瞰图

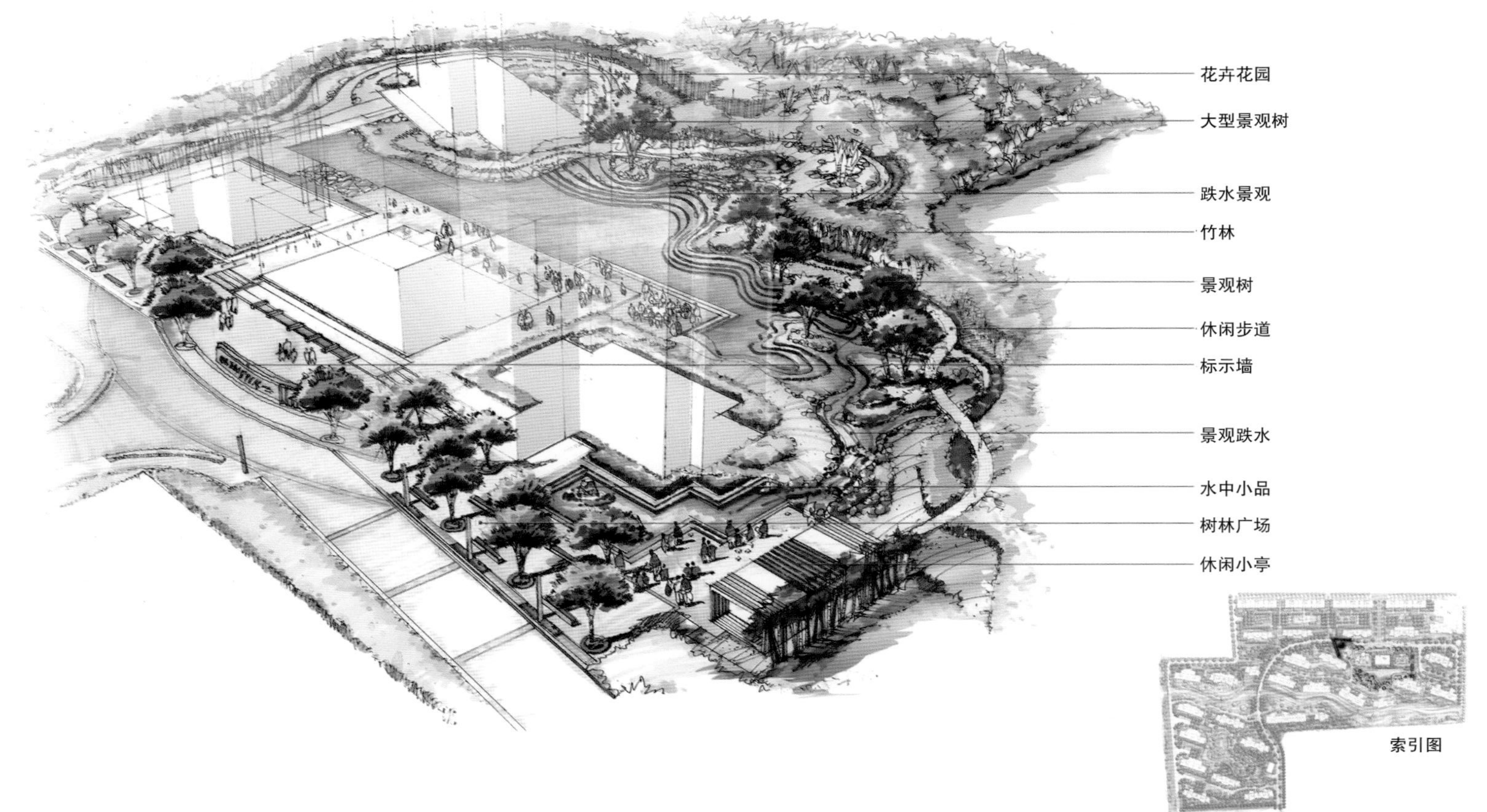

图7-16 样板区鸟瞰图

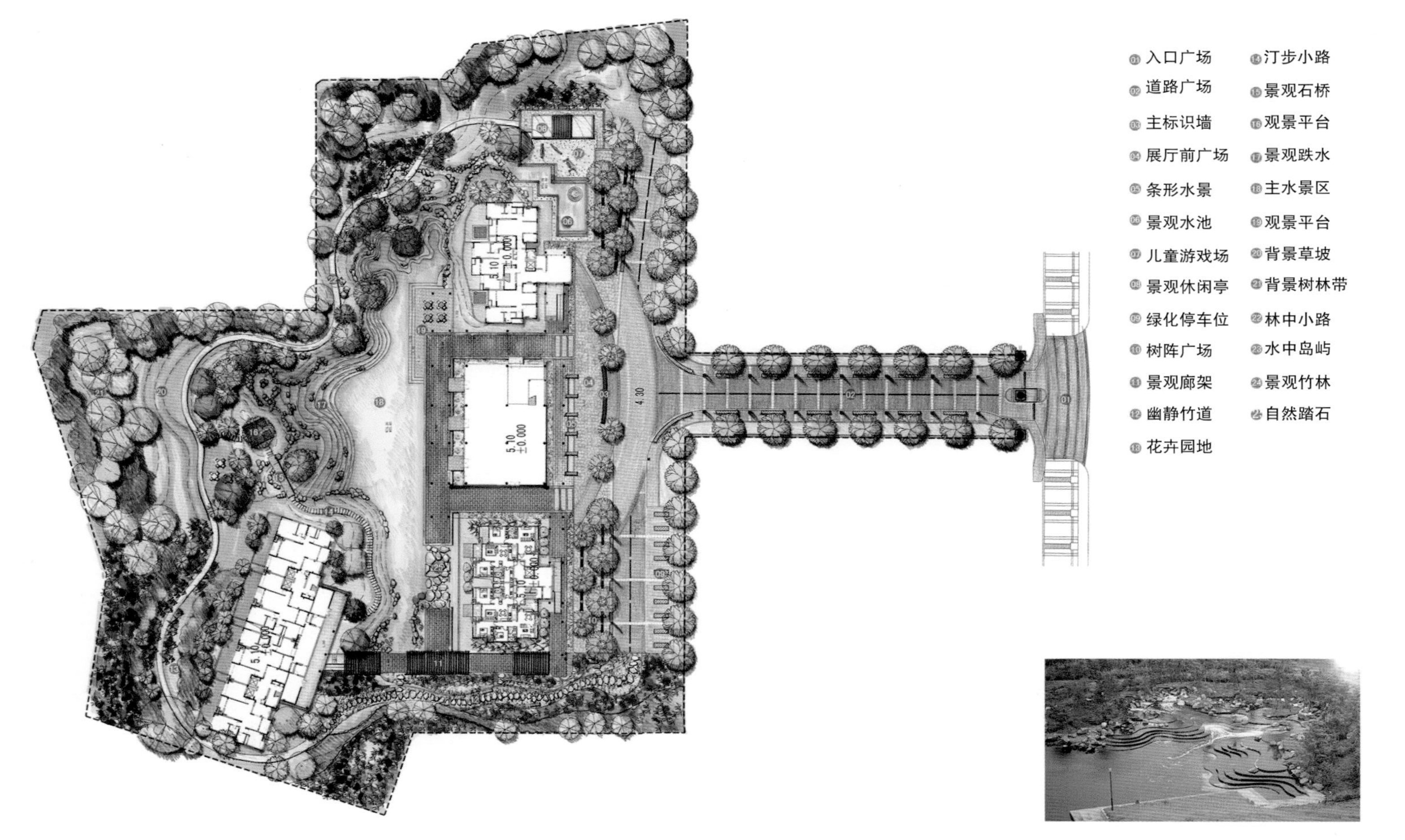

图7-17　样板区景观平面

（三）作品赏析之三

嘉兴项目

作者：夏靖

主要绘图工具：马克笔、墨线笔、硫酸纸

见图7-18~图7-23。

图7-18 马克笔墨线手绘图之一

图7-19 马克笔墨线手绘图之二

图7-20　马克笔墨线手绘图之三

图7-21　马克笔墨线手绘图之四

图7-22　马克笔墨线手绘图之五

图7-23　马克笔墨线手绘图之六

（四）作品赏析之四

作者：周晓伟

绘图工具：计算机Photoshop软件、墨线笔、压感笔、数位板

见图7-24~图7-26。

图7-24　效果图之一

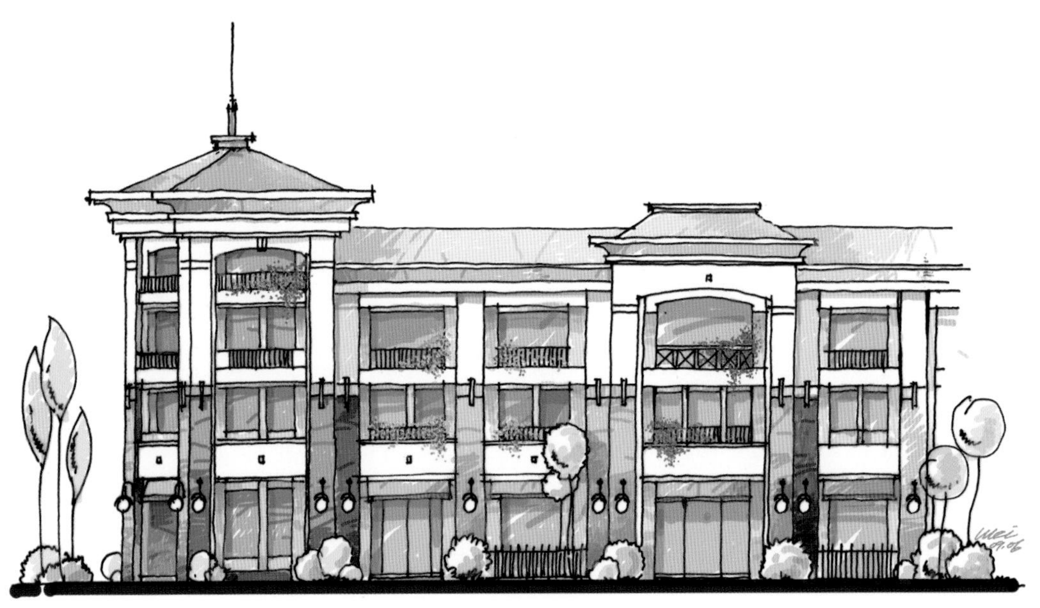

图7-25　效果图之二

图7-26　效果图之三

（五）作品赏析之五

主要绘图工具：彩色铅笔、签字笔

见图7-27 ~ 图7-31。

图7-27 彩色铅笔手绘图之一

图7-28 彩色铅笔手绘图之二

图7-29　彩色铅笔手绘图之三

图7-30　彩色铅笔手绘图之四

图7-31　彩色铅笔手绘图之五

（六）作品赏析之六

北京金融街景观规划

作者：韩风

主要绘图工具：彩色铅笔、签字笔

见图7-32~图7-34。

图7-32　彩色铅笔手绘之一

图7-33　彩色铅笔手绘之二

图7-34　彩色铅笔手绘之三

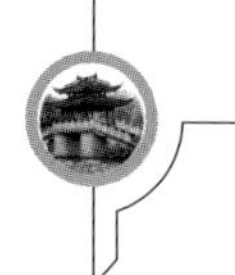

（七）作品赏析之七

武夷山湿地项目

作者：夏靖

主要绘图工具：马克笔、硫酸纸

见图7-35~图7-40。

图7-35 武夷山湿地项目手绘图之一

图7-36 武夷山湿地项目手绘图之二

图7-37　武夷山湿地项目手绘图之三

图7-38　武夷山湿地项目手绘图之四

图7-39　武夷山湿地项目手绘图之五

图7-40　武夷山湿地项目手绘图之六

（八）作品赏析之八

北京旧建筑改造项目

作者：夏靖

主要绘图工具：马克笔、签字笔

见图7-41，图7-42。

图7-41　北京旧建筑改造项目手绘图之一

图7-42　北京旧建筑改造项目手绘图之二

（九）其他作品赏析（见图7–43~图7–65）

图7-43　手绘图赏析（主要绘图工具：马克笔、墨线笔　作者：韩风、于立明）

图7-44　手绘图赏析（主要绘图工具：钢笔　作者：大连大学刘波）

图7-45 手绘图赏析（主要绘图工具：马克笔、彩色铅笔 作者：大连工业大学叶馨浓）

图7-46 手绘图赏析（主要绘图工具：Photoshop软件结合手绘 作者：大连大学王彦栋）

图7-47　手绘图赏析（主要绘图工具：水彩、马克笔、签字笔　作者：徐波）

图7-48　手绘图赏析（主要绘图工具：墨线笔与黑色记号笔勾线、马克笔、硫酸纸　作者：白鹏）

图7-49　手绘图赏析（主要绘图工具：墨线笔与黑色记号笔勾线、马克笔、硫酸纸　作者：白鹏）

图7-50　手绘图赏析（主要绘图工具：彩色铅笔、马克笔　作者：常州纺织服装职业技术学院张辉）

图7-51　手绘图赏析（主要绘图工具：Photoshop软件结合手绘　作者：大连大学王彦栋）

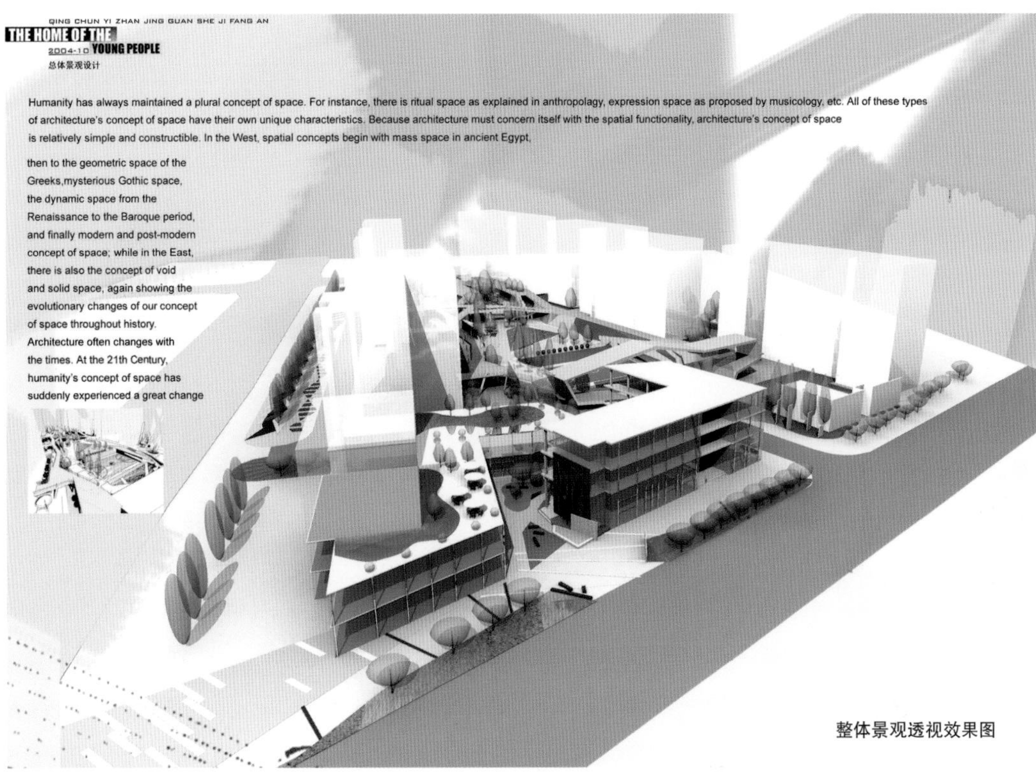

整体景观透视效果图

中心景观效果图

图7-52　手绘图赏析（主要绘图工具：计算机Photoshop软件　作者：刘建超）

图7-53　手绘图赏析（作者：余敏）

图7-54　手绘图赏析（作者：余敏）

图7-55　手绘图赏析（主要绘图工具：Photoshop软件结合手绘　作者：大连大学王彦栋）

图7-56　手绘图赏析（主要绘图工具：Photoshop软件结合手绘　作者：大连大学王彦栋）

图7-57　手绘图赏析（主要绘图工具：Photoshop软件结合手绘　作者：大连外国语大学盖永成）

图7-58　手绘图赏析（主要绘图工具：Photoshop软件结合手绘　作者：大连外国语大学盖永成）

图7-59　手绘图赏析（主要绘图工具：马克笔、签字笔　作者：夏靖）

图7-60　手绘图赏析（主要绘图工具：马克笔、签字笔　作者：夏靖）

图7-61　手绘图赏析（主要绘图工具：马克笔、签字笔　作者：夏靖）

图7-62　手绘图赏析（主要绘图工具：马克笔、签字笔　作者：夏靖）

图7-63　手绘图赏析（主要绘图工具：马克笔、签字笔　作者：夏靖）

图7-64　手绘图赏析（孙歌，孙求一；单位：大连艺术学院——度假村商业街景观规划）

图7-65　手绘图赏析（孙求一，孙歌；单位：大连艺术学院——商业步行街景观规划）

参考文献

［1］赵航. 景观、建筑手绘效果图表现技法［M］. 北京：中国青年出版社，2006.

［2］钟训正. 建筑画环境表现与技法［M］. 北京：中国建筑工业出版社，1985.

［3］梁泽，汤霁虹. 走近北美建筑师草图：设计创意·快速表现［M］. 天津：天津大学出版社，2006.

［4］M 萨利赫·乌丁. 美国建筑画——复合式建筑画技法［M］. 英若聪，译. 北京：中国建筑工业出版社，2009.

［5］王志伟，李亚利，苗立，等. 园林环境艺术与小品表现图［M］. 修订版. 天津：天津大学出版社，2003.

［6］《International New Landscape国际新景观》杂志社. 国际新景观设计年鉴［M］.武汉：华中科技大学出版社，2009.